Thomas Schubert

Die Anlehnung

Der Schlüssel zur Harmonie zwischen Pferd und Reiter

Müller Rüschlikon

Impressum

Einbandgestaltung: R2 I Ravenstein, Verden

Titelfoto: Rädlein/CAVALLO
Bildnachweis: alle Fotos und Abbildungen, wo nicht anders angegeben, aus dem Archiv des Autors, illustrative Bearbeitung der Fotos auf Seite 64, 75(3), 81, 82, 83, 99, 102, 107(2), 108 unten, 109(2) sowie der Kapitelaufmacher Seite 6, 13, 21, 26, 32, 50, 73, 88, 115, 123, 127 von Kerstin Diacont

ISBN 978-3-275-02366-0

Postfach 103743, 70032 Stuttgart
Ein Unternehmen der Paul Pietsch Verlage GmbH & Co. KG

1. Auflage 2026

Sie finden uns im Internet unter www.mueller-rueschlikon-verlag.de

Gesamtleitung: Claudia König
Innengestaltung: Kerstin Diacont
Druck und Bindung: Graspo CZ, 76302 Zlin, Printed in Czech Republic

Wie so oft im Leben sind viele Menschen an Erfolgen und an der Entstehung von Produkten beteiligt. So möchte ich auch hier meinen Dank für die Unterstützung zur Fertigstellung dieses Buches aussprechen. Er gilt Corinna, die mir als Autorin und Osteopathin viele Denkanstöße gegeben hat. Fachliche Gespräche mit unserem Fachtierarzt für Pferde, Jürgen, waren sehr hilfreich. Das fachversierte Ehepaar Ursel und Christian, als Reiter und Richter, stand mir mit Rat und Tat zur Seite. Meine Reitschülerin Katharina hatte immer gute Tipps aus ihrer Perspektive und sorgte für den reibungslosen technischen Ablauf. Mein Bruder Ulrich befasste sich als branchenfremder Leser und Autor mit dem Thema, was zu neuen Überlegungen beitrug. Antje stand zu jeder Zeit hinter meinem Projekt und machte mir immer Mut. Last but not least wirkte die gute Fee Helga im Hintergrund und sorgte für gute Laune.

Danke!

Immer mit Helm!
Auf einigen Bildern in diesem Buch tragen die Reiter keinen Reithelm. Beim Reiten ist stets ein geeigneter Helm zu tragen – der Autor empfiehlt dies ausdrücklich zum Schutz von Reiterinnen und Reitern.

92

Kapitel 1

Warum dieses Buch?

Warum dieses Buch?

Guten Tag, liebe Leserinnen und Leser!

In der Öffentlichkeit und der Reiterszene selbst wird der Turniersport zunehmend als nicht mehr tiergerecht betrachtet. Auslöser dafür sind hauptsächlich die Zäumungen der Pferde sowie die Einflussnahme der Reiter über Zügelhilfen auf das Pferd. Allgemein wird der Turniersport häufig mit der klassischen Reitkunst gleichgesetzt. Dadurch gerät zwangsläufig auch diese – und insbesondere der Ausbildungspunkt der Anlehnung – zunehmend in die Kritik. Dabei sollten Turnierpferde gemäß der Ausbildungsskala und entsprechend den »Richtlinien für Reiten und Fahren« ausgebildet sein, die auf den Grundsätzen der klassischen Reitlehre basieren. Auch die Bewertung auf Reitturnieren ist an diesen Kriterien ausgerichtet.

Die Ausführungen in diesem Buch möchten dem Leser die Anlehnung als einen der zentralen Ausbildungspunkte der klassischen Reitlehre nahebringen. Die Anlehnung wird heute oft falsch verstanden und ist doch als Basis für gutes, das Pferd gesund erhaltendes Reiten unerlässlich.

Andererseits wird sie immer häufiger als Argument angeführt, um die klassische Reitlehre heute als harte Ausbildungsmethode für Pferde darzustellen. Dabei geht es hauptsächlich um Situationen im Turniersport. Allerdings ist zu beachten, dass unschöne Bilder und Ausführungen gerade nicht dem Ausbildungssystem klassischer Reitkunst entspringen! Neben dieser Tatsache wird auch in Presseberichten teilweise nicht klar zwischen korrekter und unkorrekter Ausführung differenziert. Diese Faktoren führen dazu, dass ein falsches Bild bezüglich der Reitkultur entsteht. Kritiker haben selten ein nach der klassischen Lehre ausgebildetes Pferd geritten und gefühlt.

Durch Weltreiterspiele, Olympische Spiele, Global Champions Tour u. a. werden mithilfe von Sponsoren riesige Stadien und Arenen mit Zuschauern und Anhängern des Reitsports gefüllt.

Parallel dazu taucht jedoch immer wieder die Frage auf, inwieweit die Reitkunst beim Turnierreiten heute noch verankert ist.

Im internationalen Dressursport wird die Klassische Lehre teilweise in höchster Vollendung präsentiert, was für viele Menschen auch einen Unterhaltungswert hat. Allerdings befinden sich nur die wenigsten Reiter in Deutschland auf mittlerem oder hohem Turniersportniveau, die im internationalen Spitzensport für sich Vorbilder sehen und sie zu einer Trainingsplanung veranlassen. Eine Handvoll Reiter, die auf international höchstem Level unterwegs sind, werden in Fachzeitschriften unter dem Motto ›So wird's gemacht‹ mit ihren Pferden in schwersten Lektionen präsentiert. In diese Sphären dringt jedoch nur ein kleinerer Teil aller Reiter vor.

Es scheint so, als ob in der Breite der Eindruck entsteht, dass der Sinn und Zweck der klassischen Reitlehre ausschließlich in schweren Lektionen wie z.B. Piaffe, Passage oder Galopp-Pirouetten liegt. Die klassische Ausbildung wird als nur ›eine‹ Reitweise betrachtet und auf o.g. Lektionen reduziert.

Die Identifikation mit den Grundlagen dieses Ausbildungssystems wird dadurch geringer. In der Breite, aber auch in der Turnier-Community wird dieses System in der Gesamtheit zunehmend als schädlich und unpassend für ihre Pferde betrachtet. Die wichtigen physiologischen Notwendigkeiten werden ignoriert und wenig Zeit in Basistraining investiert.

Derzeit fehlen weitgehend Impulse, um die Idee der klassischen Reitkunst zu stärken. Dabei ließe sich die pferdefreundliche klassische Reitlehre heute mehr denn je über die physiologische Anatomie des Pferdes begründen – und sie könnte mit der stetig wachsenden Zahl von Pferdebesitzern entsprechend stärker verbreitet werden.

Pferde dürfen unter dem Reiter keinen Schaden nehmen. Der Erhalt individuell gegebener Grundgangarten ist ein wesentliches Ziel der Pferdeausbildung.

Folgerichtig unterzieht sich ein Teil aller Reiter einer Ausbildung. Diese sollte pferdegerecht sein, damit das Wohlbefinden des Pferdes nicht beeinträchtigt wird. Womit sich allerdings Reiter wohlfühlen, unterscheidet sich von dem ›Wohlfühlprogramm‹ der Pferde erfahrungsgemäß häufiger, als der Mensch wahrhaben will.

Im Umgang mit Pferden ist es entscheidend, die jeweilige Situation richtig einzuschätzen. Nur auf Grundlage von Wissen und Erfahrung von Reiter und Ausbilder kann das Handeln fachgerecht, korrekt und zum Wohl des Pferdes erfolgen.

Turniersport, Breitensport und Freizeitreiten werden fälschlicherweise hinsichtlich Reiter- und Pferdeausbildung häufig differenziert betrachtet.

Die physiologische Anatomie des Pferdes unterscheidet nicht zwischen Turniersport und Freizeitreiten. Entscheidend ist vor allem das Reitergewicht und wie der Reiter sich dem Bewegungsrhythmus des Pferdes anpasst. Diese Harmonie ist der wichtigste Faktor für das Wohlbefinden des Pferdes.

Im engen Zusammenhang mit dem Reitersitz und der daraus resultierenden Hilfengebung ergibt sich die Anlehnung als ein Ausbildungsziel der Skala der Ausbildung. Die Anlehnung sorgt in allen Bereichen der Reiterei regelmäßig für Diskussionen. Als zentraler Punkt des Ausbildungssystems der klassischen Reitlehre steht sie in direkter Abhängigkeit von den vorgelagerten Ausbildungszielen Takt und Losgelassenheit. Sie wird zunehmend konstant und sicher, sobald die in der Ausbildungsskala folgenden Punkte – Schwung, Geraderichtung und Versammlung – verbessert oder erreicht werden.

Lernbereitschaft und Beachtung grundlegender Regeln – ohne geht's nicht

Die Hyperflexion, eine zu tiefe und enge Kopf-Halshaltung des Pferdes unter dem Reiter, als eine neue Art der Anlehnung auszurufen, hat dazu beigetragen, dass die Klassische Reitlehre in Verruf geraten ist. Viele Reiter wenden sich ab und befassen sich erst gar nicht mehr intensiv mit ihr.

Die Reiterei generell und die Reitkunst im Besonderen erfordert vom Reiter Lernwillen und die Befolgung grundsätzlicher Regeln, worauf schon weit vor unserer Zeit hingewiesen wurde. In seinem Buch ›Ein Reiterleben‹ zitiert Felix Bürkner die Warnung François Robinchon de la Guérinières aus dem Jahre 1735 wie folgt:

»Jede Kunst und Wissenschaft hat eigene Grundsätze und feste Regeln! Ihre Befolgung führt zu neuen Erkenntnissen und diese wieder zu höchster Vollkommenheit!«
(vgl. Bürkner[1], 1957, S. 355, zit. n. Guerinières 1735) [1]

---

(1) Felix Bürkner (1883–1957) war ein bedeutender deutscher Dressurreiter und Ausbilder. Er nahm 1912 an den Olympischen Spielen teil, wurde 14-facher Deutscher Meister und gründete die »Deutsche Reitschule« in Berlin-Düppel. Bürkner legte großen Wert auf vielseitige Pferdeausbildung und entwickelte mit Kollegen die deutsche Schulquadrille. Nach dem Zweiten Weltkrieg setzte er seine Arbeit in Hannover fort und prägte nachhaltig die deutsche Reitkunst.

Der Blick muss auf positiv unter dem Reiter arbeitende Pferde gerichtet werden. Das Wissen über Entwicklungswege in der Reitpferdeausbildung im Sinne naturgegebener Bewegungsmechanismen des Pferdes gehört zur Grundausbildung eines jeden Reiters.

Kritische Tatsachen bezüglich der Reiterei anzusprechen, löst Diskussionen aus. Reiter werden sich ihrer Verantwortung für die Pferde bei deren Ausbildung bewusst.

Es ist wichtig, junge Pferde zu zeigen, denen noch die Kraft fehlt, sich in der Haltung wie internationale Championats-Pferde zu bewegen, und besonders Pferde, die aufgrund der ihnen von Natur aus mitgegebenen Möglichkeiten wohl eher keine Championats-Pferde, aber gut gerittene, zufriedene Reitpferde werden können.

Ein guter Weg für alle Reiter ist die Beachtung eines Ausbildungssystems, das als Kulturerbe anerkannt ist und das Pferd in wohl sämtlichen denkbaren Situationen im Laufe der Geschichte für den Menschen gebrauchsfähig gemacht hat.

Die Klassische Reitlehre als Basis

Die als immaterielles Kulturerbe anerkannte Klassische Reitlehre hält für jeden Reiter und jedes Pferd Lösungen parat. Klare Kriterien und erklärbare Fakten, auch im Sinne biologischer Voraussetzungen, führen dazu. Die meisten Reiterwünsche können hiermit erfüllt werden.

Es liegt an allen Freunden des Pferdesports, darauf zu achten, dass wir uns trotz strahlender Neuerungen auf Pferdemessen und der Kommerzialisierung des Sports nicht von den Grundsätzen der klassischen Reitlehre entfernen. Spektakel, Showeffekte und vereinfachte Darstellungen haben mit einer pferdegerechten Ausbildung nichts zu tun. Gleichzeitig ist es sinnvoll, neue Erkenntnisse kritisch zu prüfen und zu hinterfragen.

Die wissenschaftlich fundierte, gut erklärbare Klassische Reitlehre, entspringt den Gesetzen der Natur. Sie hat die physiologische Anatomie des Pferdes als Grundlage und könnte daher auch als ›Bio-Reitlehre‹ bezeichnet werden.

Ziel ist die Verschmelzung von Körper und Seele, von Mensch und Pferd. Die Folge ist Harmonie und optimale Verständigung. Daraus ergibt sich ein Wohlgefühl beim Reiten in Freizeit und Sport sowie die Gesunderhaltung der Pferde unter dem Reiter.

Ein solider Fokus auf die Grundlagenarbeit, insbesondere auf die Anlehnung, ist entscheidend. Sie legt den Grundstein für ein gutes Reitpferdeleben und bringt Vorteile für Reiter wie Pferd im täglichen Training.

Kapitel 2

Betrachtungen über den Tellerrand hinaus

Betrachtungen über den Tellerrand hinaus

**Quelle www.pferd-aktuell.de vom 27.12.22*

Ein kurzer Blick auf die Zahlen des Berichts der Deutschen Reiterlichen Vereinigung, dem Dachverband aller Züchter, Reiter, Fahrer und Voltigierer in Deutschland mit Sitz in Warendorf, aus dem Jahr 2021 lässt die gesamte Pferdeszene in Deutschland differenziert erscheinen.

Zahlen zu Reitern und Pferden

- 3,89 Mio. Menschen bezeichnen sich selbst als Reiter.
- Ca. 1.250.000 Reiter betreiben diese Sportart intensiv. Kinder unter 14 Jahren einbezogen erhöht sich die Zahl auf 1.800.000.
- FN-organisierte Mitglieder: Personen, Vereine, Betriebe, Persönliche Mitglieder (PM): 664.512
- Die Gesamtzahl beantragter FN-Jahresturnierlizenzen für Reiter und Fahrer betrug 64.401.
- Fortgeschriebene Turnierpferde: 109.586.
- Es gibt etwa 900.000 Pferdebesitzer und ca. 1,3 Mio. Pferde in Deutschland.

Bleibt festzuhalten:

- Nur ca. 3,5 % aller intensiven Reitsportler sind Turnierreiter.
- Rund 12 % aller Pferde in Deutschland sind Turnierpferde.
- Der größere Teil von 1.800.000 intensiven Reitsportlern (inklusive Kinder unter 14 Jahren) ist nicht über Vereine der FN organisiert und reitet keine Turniere.

Neben dem Zahlengewirr soll an dieser Stelle Zeit sein, um einen Hinweis auf Gefahren- und Gefährdungspotential beim Reiten und im Umgang mit Pferden zu geben.

Ein Blick in die tägliche Praxis zeigt, dass Kinder auch jüngeren Alters (Kinder bis 14 Jahren) nicht selten schon in der Reitbahn stehen und sich gegenseitig Reitunterricht geben. Ohne Anleitung eines Ausbilders und der Aufsicht von Erwachsenen, probieren sie sich bereits an der Pferdeausbildung.

So sind bei 40 % aller Reitunfälle Mädchen unter 14 Jahren betroffen. Bereits in der Altersgruppe der 5- bis 9-Jährigen führen Verletzungen durch Pferde die Statistik der Unfälle mit Tieren an.

**Quelle www.cornelia-mertens.de. 06.02.23 Kost / Roggenkamp*

Im ›German Journal of SPORTS MEDICINE‹ wurde eine 10-jährige Erhebung (2000 bis 2009) des BG Klinikums Hamburg (BGKH) veröffentlicht.

Wissen um die Gefahren beim Reiten und im Umgang mit Pferden

In dieser wurde eine Untersuchung von Ursache-Wirkungs-Ketten zu Verletzungsmustern im Pferdesport anhand einer retrospektiven Analyse von erhobenen Daten aus 1.206 Notfallbögen der Chirurgischen Ambulanz durchgeführt.

88 % der Verunfallten waren weiblichen Geschlechts und jüngere Patienten zwischen 8 und 18 Jahren (42 %). In diesem Kollektiv verunfallten eher die 7- bis 14-Jährigen, während bei Männern im Alter von 41 bis 60 Jahren eine größere Unfallhäufigkeit festzustellen war. [2]

Welches Gefahrenpotenzial für alle Beteiligten von den tausenden Reitern ausgeht, die gelegentlich dieses Hobby betreiben, ist kaum zu erfassen. In den meisten Fällen kann man bei den Reitern, die gelegentlich reiten, eher auch nicht von fach- und sachgemäßem Umgang mit dem Pferd ausgehen.

Es wird deutlich, dass Reiter, ob organisiert oder nicht organisiert, und Reitpferde eine sach- und fachgerechte Ausbildung benötigen, um höchstwahrscheinlich allein das generelle Unfallrisiko beim Umgang mit Pferden zu verringern.

Wissenschaft setzt Wiederholbarkeit und Beweisbarkeit voraus. Ärzte verlangen z.B. für den Einsatz von Medikamenten eine Evidence-Based-Medicine. Es müssen Studien und Belege vorliegen, dass bestimmte Medikamente für die entsprechende Indikation bewiesen haben, dass die Wirkung sich positiv auf die Gesundheit des Patienten auswirkt.

Im Straßenverkehr gilt die StVO und die meisten Verkehrsteilnehmer halten sich auch daran. Den Führerschein für das Auto, des Deutschen liebstes Kind (Pferde kommen doch wohl erst an zweiter Stelle), will nämlich keiner verlieren. Gesetze und Regeln überall.

In der Enzyklopädie der Mathematik gilt der Satz des Pythagoras. Wer würde es heute wagen, den Satz des Pythagoras anzuzweifeln oder ihn neu erfinden zu wollen? Wie wertvoll dieser heute für die Menschheit ist, mag jeder Leser selbst beurteilen.

An dieser Stelle sei noch einmal in Erinnerung gerufen, dass etwa aus der Zeit des Pythagoras, der Zeit griechischer Hochkultur, auch die Reitlehre des griechischen Heerführers und Schriftstellers Xenophon[2] stammt, in der die Klassische Reitlehre ihren frühesten Ursprung findet.

---

(2) Xenophon (ca. 430–354 v. Chr.) war ein antiker griechischer Soldat, Historiker und Schüler Sokrates. Besonders bedeutend ist er für die »Reitlehre«. In seinem Werk »Über die Reitkunst« beschreibt er schon damals die »sanfte, geduldige Ausbildung von Pferden«, betont die Bedeutung von »Vertrauen, Gleichgewicht und korrektem Umgang« zwischen Reiter und Pferd. Seine Grundsätze gelten bis heute als Basis der pferdefreundlichen klassischen Reitausbildung.

Ein Erlebnis zu Pythagoras und Xenophon

In einer Theoriestunde zur Reitlehre zeigte ich ein rechtwinkeliges Dreieck und Bilder von Pythagoras und Xenophon. Die Bedeutsamkeit und Kultur der Reitlehre sollten untermauert und die geschichtliche Herkunft abgeleitet werden.
Eine Reitschülerin, die mit ihrer Tochter am Theorieunterricht teilnahm, fand diesen Ansatz zur Erklärung kultureller Entwicklungen im Vergleich interessant.
Nach der Theoriestunde meinte sie zu mir, dass ihre Tochter aber mit $a^2 + b^2 = c^2$ nichts anfangen könne, da dies in der Schule noch nicht durchgenommen wurde. Sie wäre in Mathematik, vorsichtig ausgedrückt, eher nicht hochbegabt.
Einige Wochen später, beim Reitunterricht der Mutter, erzählte diese mir lachend, dass ihre Tochter in der Schule habe ›glänzen‹ können. Der Mathematiklehrer der Tochter zeichnete an diesem Tag ein rechtwinkeliges Dreieck an die Tafel, in dem $a^2 + b^2 = c^2$ stand. Er fragte in die Klasse, ob jemand damit etwas anzufangen wüsste.

Die Tochter meiner Reitschülerin meldete sich wild und kam auch dran – es platzte aus ihr heraus: »Das ist der Satz des Pythagoras!«

»Richtig«, lobte der Lehrer, »woher weißt du das denn?«

»Von meinem Reitlehrer«, war die Antwort der Tochter.
»Na, das muss ja ein vielseitiger Mensch sein«, amüsierte sich der Lehrer.

»Ja, das stimmt, in der Vielseitigkeit war der auch ganz gut«, bestätigte die Tochter.

Reiter sind heute aufgerufen, die Reiterei und ihre Bewegungsgesetzmäßigkeiten – seit der Entstehung der ersten Reitvorschriften vor etwa 2.400 Jahren – auch wissenschaftlich zu betrachten. In der modernen Welt lassen sich die physiologische Anatomie und Biomechanik von Reiter und Pferd präzise belegen und erklären. Der geschichtliche Weg der Reitkultur über Jahrhunderte wird interessant veranschaulicht in *Frömming, A. (2011), ›Bilder und Fakten zur Entwicklung der Ausbildung von Reiter und Pferd im Dressur- und Springreiten‹, FNverlag. [3]*

Der Reitersitz als Basis guten Reitens

Betrachtet man den geschulten Reitersitz gemäß Klassischer Reitlehre als Grundlage für pferdegerechte Reiterei, kann in richtig, annähernd richtig oder auf dem richtigen Weg und falsch unterschieden werden. *Zitat von Kurt Albrecht zum Sitz des Reiters aus dem Buch ›Dogmen der Reitkunst‹:*

»Die Qualität des Sitzes bestimmt, ob man überhaupt von ›REITEN‹ sprechen kann, oder ob das Pferd einfach mit der auf seinem Rücken befindlichen ›Last‹ fertig werden muss.«
(Albrecht[3], 2013, S. 35) [4]

Nicht nur die Hochglanzliteratur von heute, sondern auch Geschriebenes zum Reiten, zur Reitlehre und zur Pferdebeurteilung der letzten hundert Jahre sollte man in diesem Zusammenhang im Auge behalten. Tausende von Menschen haben viele Wege der Reiterei – gute wie schlechte – beschritten und das meiste davon vor unserer Zeit. Anstatt diese Erfahrungen abzulehnen, ist es sinnvoll, daraus zu lernen. Ein Menschenleben allein wird wahrscheinlich nicht ausreichen, um all diese Erfahrungen selbst zu sammeln.

---

(3) Brigadier Prof. Kurt Albrecht (1920–2005) war ein österreichischer Reiter und Leiter der Spanischen Hofreitschule in Wien. Nach Stationen im Bundesheer und der Gendarmerie wurde er 1965 der Hofreitschule zugeteilt und übernahm 1974 die Leitung, die er bis zu seiner Pensionierung 1985 innehatte.

Die Faktoren ›Literatur/theoretisches Wissen‹ und ›praktisches Umsetzen und Erfahren‹ können dann ein annähernd vollständiges Bild entstehen lassen. Ein guter Reitlehrer und wenigstens ein richtig gerittenes Pferd (gemäß Deutscher Reitlehre) als Lehrmeister sind allerdings Voraussetzung für einen soliden praktischen Erfahrungsschatz. Hierzu aus dem Vorwort der Richtlinien für Reiten und Fahren Band I von 1979:

»Ausgehend von der in letzter Zeit leider mehr und mehr in Vergessenheit geratenen Maxime ›Das geschulte Pferd ist der beste Lehrmeister‹ und ›Auf ein junges Pferd gehört ein erfahrener Reiter‹ wird die Ausbildung von Reiter und Pferd beschrieben, so wie sie seit Jahrzehnten unverändert den richtigen Weg zum fundierten und soliden Erfolg darstellt.«

(Richtlinien für Reiten und Fahren Band I, 1979, Vorwort) [5]

Die Wichtigkeit von Lehrpferden

Wo sollen Reiter mit Interesse an der klassischen Lehre aber heute noch ein gutes Lehrpferd finden? Reitschulen mit FN-Reitlehrern verschwinden. Gute Schulpferde gibt es sehr selten. Noch vor vierzig bis fünfzig Jahren gab es Schulpferde, die reell bis Klasse L oder besser ausgebildet waren, und Schulpferdereiter, die mit diesen Pferden auf Turnieren auch entsprechende Platzierungen erhielten. Diese Reiter konnten sich kein eigenes Pferd leisten, ritten aber immerhin zwei- bis dreimal die Woche Reitunterricht auf gut ausgebildeten Pferden.

Heutzutage liegt der Fokus vieler Reiter auf dem schnellen Erwerb des eigenen Pferdes. Kosten für den Reitstall, Tierarzt, Schmied, Versicherung etc. fressen die Budgets der Pferdebesitzer auf. Geld für Reitunterricht bleibt häufig nicht – außerdem ist modegerechte Ausrüstung des Pferdes oftmals auch noch wichtiger.

Fakt ist, dass Schulpferdereiter vor einigen Jahrzehnten oft besser ritten als tausende Pferdebesitzer heute. Begriffe wie ›Reitkunst‹ oder ›Reitwissenschaft‹ sind bei vielen Reitern entweder ganz aus dem Wortschatz verschwunden oder noch nie präsent gewesen.
Warum ist das so? Liegt es an neuen Reitlehren oder an den zahlreichen ›Tricks‹, die seit einigen Jahren populär geworden sind, weil sie einfacher und weniger komplex erscheinen? Einem Pferd durch Futterkonditionierung das Kopfnicken oder ›Ja-Sagen‹ beizubringen, hat jedenfalls nichts mit einer fundierten Reitpferdeausbildung zu tun.
Vielleicht liegt es auch daran, dass aus jeder neuen Erkenntnis eines Reitanfängers gleich eine eigene Reitlehre oder Philosophie gemacht wird – der dann andere Anfänger folgen, weil sie selbst noch keine fachlich fundierte Anleitung oder Erklärung erhalten haben.

Qualifizierter Unterricht ist unerlässlich

Häufig ist Training bzw. fachliche Anleitung von Pferdebesitzern und Reitern nicht erwünscht. Vermeintliche Autodidakten sind in der Reiterei weit verbreitet.

Auch im Freizeitbereich sehen wir immer wieder unsachgemäßen Umgang mit Pferden. Wir sprechen hier nicht von Ausnahmen, denn die Zahl der Freizeitreiter ist deutlich höher als die der Turnierreiter.

Seien wir also in allen Bereichen der Reiterei ehrlich miteinander und vor allem ehrlich mit uns selbst bei der Betrachtung unserer Leistungen bezüglich des Reitens. Dies ist der erste und entscheidende Schritt, um das Vertrauen unserer Pferde zu erlangen!

Abschließend zu diesen Betrachtungen bleibt doch die Überlegung, warum wir Deutschen als Fans von Regeln und Vorschriften die heute mehr denn je durch Biomechanik erklärbare und somit nachvollziehbare Klassische Reitlehre zunehmend aus den Augen verlieren.

Kapitel 3

Pferde haben einen Körper

Pferde haben einen Körper

Ein Mensch, der mit Pferden umgeht und/oder reitet, muss sich im Klaren sein, dass Pferde einen Körper haben und nicht nur Sportgerät oder Freizeitgerät sind.

Gedanken zu Exterieur und Interieur von Pferden

Wichtig für die Reiterei sind zunächst die Exterieur- und Interieurbeurteilung von Pferden. Charaktere bzw. Temperamentsformen von Pferden sind maßgebliche Faktoren in der Reitpferdeausbildung.

Alfred Knopfhart[4] unterscheidet in seinem Buch ›Beurteilung und Auswahl von Reitpferden‹ [6] vier Formen des Temperaments bei Pferden: dem sanguinischen, phlegmatischen, cholerischen und melancholischen Temperament. Das sanguinische Temperament wird hier wie folgt beschrieben.

»(v. Maday: ›lebhaft und friedlich‹) lebhafte, flotte, energische Bewegungen, gute Futterverwertung, gelehrig, fleißig, verlässlich, Leistungstyp (Überlastungsgefahr)«
(Knopfhart, 1971, S. 73) [6]

Die moderne Pferdezucht zielt darauf ab, diesen Leistungstyp in Verbindung mit möglichst großer körperlicher Begabung für den Reitsport zu erzeugen. Dabei muss jedoch beachtet werden, dass Verhaltensänderungen bei Pferden aufgrund von Erkrankungen besondere Aufmerksamkeit erfordern. Solche Erkrankungen sollten entsprechend ihrer typischen Charakteristika differenziert betrachtet werden.

---

(4) Prof. Alfred Knopfhart (1927–2007) war geprüfter Reitlehrer und bildete Reiter und Pferd bis zum Grand-Prix-Niveau aus. Er war Fachreferent des österreichischen Bundesfachverbandes und verantwortliche für die Aus- und Fortbildung von Dressurrichtern.

Für alle Temperamentstypen gilt:
Wer sich als Reiter auf das Pferd begibt, hat die Pflicht, muskuläre Funktionen des Pferdekörpers kennenzulernen. Muskeln, Bänder und Sehnen funktionieren entsprechend den individuellen Voraussetzungen der Pferde und auch in bestimmten Abhängigkeiten zueinander. Ein Reiter auf dem Pferderücken ist in diesem Zusammenhang eine besondere Anforderung und es ist keine einfache Aufgabe für das Pferd, dabei seine natürlichen Bewegungen zu erhalten. Das anfängliche Vorwärts-Abwärts-Reiten junger Pferde, schafft hierfür die Grundlagen. *(vgl. Bürger[5], Zietzschmann, 2004 S. 23 ff) [7]*

Werden beim Pferd natürliche und individuelle Bewegungsabläufe durch den Reiter verhindert, kommt es zu Verspannungen der Muskulatur.

Der lange Rückenmuskel des Pferdes steht hier im Mittelpunkt, denn er wird durch den nicht korrekten Reitersitz und falsche Hilfengebung in seiner Funktion beeinträchtigt. Als quergestreifter Bewegungsmuskel ist seine optimale physiologische Funktion und Kraftentwicklung nur dann gegeben, wenn er sich maximal entspannen und wieder anspannen kann.
Verspannungen dieses Muskels haben negativen Einfluss auf das gesamte Gangbild des Pferdes, da er eine zentrale Rolle im Bewegungsfluss von der Hinterhand zur Vorhand spielt.

Zudem kann bei einem falschen Bewegungsbild des Pferdes unter dem Reiter die freie Atmung des Pferdes eingeschränkt sein, da der lange Rückenmuskel u. a. über diverse Muskelstrukturen und Faszien eine Verbindung zu den Atmungsrippen hat. Die durch Verspannungen eingeschränk-

(5) Udo Bürger (1901–1966) war Tierarzt und begeisterter Reiter. Er verfügte über ein enormes Wissen und langjährige Erfahrung. Seine Aussagen sind zeitlos gültig.

te Atmung hat wiederum Einfluss auf die Sauerstoffbilanz der Muskulatur, was eine verminderte Versorgung von Energie zur Folge hat. Nur durch eine losgelassen arbeitende Muskulatur, die auch die mentale Losgelassenheit des Pferdes voraussetzt, ist eine effektive Muskelarbeit möglich. Die Aufnahme von Sauerstoff und der Abtransport von Schadstoffen sind dann optimal. *(vgl. Stodulka, 2006, S.24 ff) [8], (vgl. Bürger, Zietzschmann, 2004, S. 20 f, S. 30 ff) [7]*

Die obige verkürzte Ausführung zur verspannten Rückenmuskulatur des Pferdes bildet allerdings noch kein vollständiges Bild über weitere Zusammenhänge und Reaktionsketten beim Pferd ab.

Funktioniert die Muskulatur nicht in ihren biomechanischen, von der Natur gegebenen Möglichkeiten, kommt es schneller zur Ermüdung. In diesem Zusammenhang können Bänder, Sehnen und Gelenke in Mitleidenschaft gezogen werden und das Risiko für Verletzungen steigt.

Alle Reiter sollten die Grundlagen der Trainingswirkung sowie die allgemeinen Prinzipien des Trainings berücksichtigen.

Muskeln können über bestimmte Zeiträume für Aufgaben vorbereitet und aufgebaut werden. Die Leistungsfähigkeit der Muskeln wird über richtiges Training gesteigert. Genauso gut ist es aber möglich, durch nicht fachgerechtes Training die Leistungsfähigkeit der Muskulatur zu verschlechtern oder gar zu schädigen. *(vgl. Ahsbahs u.a., 1992, S. 112 ff) [9]*

Alle Reiter sind aufgerufen, die Grundlagen zur Trainingswirkung und generell Trainingsprinzipien zu beachten.

Grundlegende Stoffwechselerkrankungen der Muskulatur spiegeln meist nicht vorrangig den Grund für Disharmonie zwischen Reiter und Pferd beim Reiten wider. Erkrankungen oder Bewegungsstörungen beim Pferd zu suchen, um reiterliche Defizite zu übergehen, ist nicht die Lösung.

Wer Reiter und Pferde trainieren möchte und ggf. noch Laie in diesen Bereichen ist, wird sehr viel vorsichtiger, behutsamer und mit mehr gedanklicher Vorarbeit an die Sache herangehen, wenn er den Pferdekörper im Zusammenhang mit dessen Bewegungsabläufen im Hinterkopf hat.

Für den verantwortungsvollen Menschen und Tierliebhaber sind für den Umgang mit Pferden fundierte Kenntnisse der Materie von großem Vorteil bzw. Voraussetzung.

Aus der Grafik unten wird das Zusammenspiel von Muskeln, Bändern und Sehnen ersichtlich.

Oberstes Reiterziel ist die Identifizierung mit diesem System, um dann auf diese von der Natur gegebenen Bedingungen einwirken zu können, sodass funktionelle Abläufe und Bewegungsmechanik beim Reitpferd unterstützt werden.

*Abbildung aus Stodulka[6], 2006, S. 48 [8] Zeichnung: © Thieme

Wichtige Muskeln und Bandstrukturen der Vorder- und Hinterextremität.

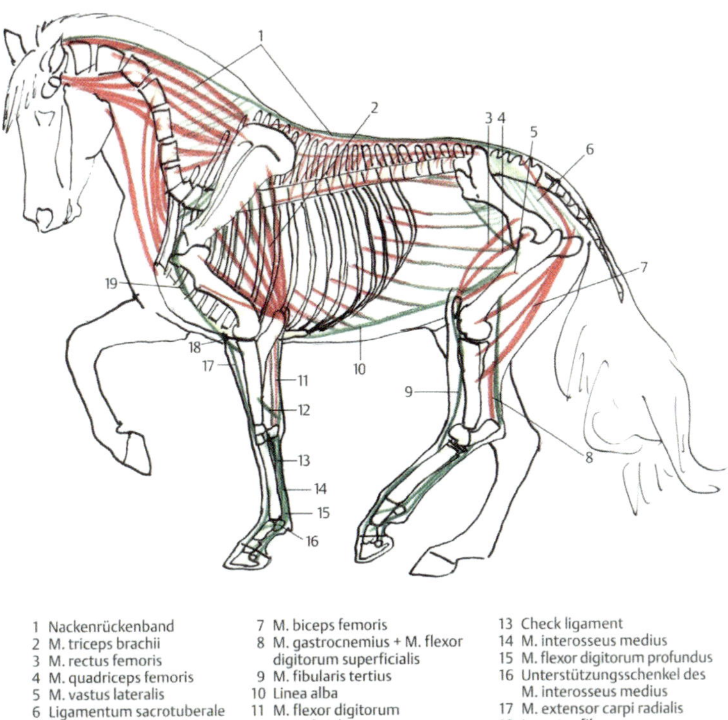

1 Nackenrückenband
2 M. triceps brachii
3 M. rectus femoris
4 M. quadriceps femoris
5 M. vastus lateralis
6 Ligamentum sacrotuberale latum
7 M. biceps femoris
8 M. gastrocnemius + M. flexor digitorum superficialis
9 M. fibularis tertius
10 Linea alba
11 M. flexor digitorum superficialis
12 Ligamentum accessorium
13 Check ligament
14 M. interosseus medius
15 M. flexor digitorum profundus
16 Unterstützungsschenkel des M. interosseus medius
17 M. extensor carpi radialis
18 Lacertus fibrosus
19 M. biceps brachii

(6) Prof. Dr. Robert Stodulka ist Fachtierarzt für Physikalische Medizin und Rehabilitationsmedizin, Gerichtsgutachter, Universitätslehrer, Reiter, Ausbilder und Begründer der Medizinischen Reitlehre nach Dr. Stodulka® (MRS®).

Kapitel 4

Durchdachte Reiterhilfen – klares Ausbildungssystem

Durchdachte Reiterhilfen – klares Ausbildungssystem

Reiter wünschen sich ein angenehmes Reitpferd, auf das sie sich verlassen und dem sie vertrauen können. Hinter dem ›angenehm‹ verbirgt sich u.a. ein losgelassen schwingender Pferderücken, sodass der Reiter zum ›Sitzen‹ kommt. Mit seinem Pferd durch ›dick und dünn‹ gehen, scheint für viele Reiter das größte Ziel zu sein.

Die Einflussnahmen von geschultem Reitersitz und Reiterhilfen gemäß den Richtlinien sind abgestimmt auf die physiologisch anatomischen und biomechanisch erklärbaren Bewegungen des Pferdes. Nur so versteht das Pferd den Reiter in seinen gesamten Bewegungsabläufen.

Reitersitz und Reiterhilfen müssen so fein abgestimmt sein, dass das Pferd die Absichten des Reiters verstehen kann

Gewöhnung an neue oder den Fluchttrieb auslösende Dinge gehört natürlich auch zur Pferdeausbildung. Das Gewöhnungstraining allein bzw. das versuchte Desensibilisieren auf ungewohnte Situationen vom Boden aus scheint allerdings bei Ausritten in fremder Umgebung häufig nicht zu funktionieren. Unvorhersehbares, womit ein Reiter täglich in Wald, Feld und Flur sowie auf der Straße konfrontiert werden kann, ist in allen Variationen zuhause in seiner Vielfalt nicht nachzustellen. Reiter bekommen trotz Gewöhnungstraining Schwierigkeiten beim Ausreiten.

Erlernt und versteht das Pferd allerdings über Monate und Jahre durch systematisches Training und eine ruhige, geduldige Grundlagenausbildung die richtigen Reiterhilfen gemäß der Klassischen Reitlehre, wird es dem Reiter vertrauen und sich auf ihn verlassen. Es fühlt sich auch in außergewöhnlichen Situationen sicher. Diese Sicherheit unter dem Reiter dämpft oder verhindert in vielen Fällen gar die Auslösung des Fluchttriebs.

Hierdurch ergibt sich dann auch die Umkehr zur Verlässlichkeit des Pferdes für den Reiter. Das Pferd gibt sie dem Reiter oft in scheinbar schwierigen oder außergewöhnlichen Situationen zurück. Es bleibt ruhig auf der Grundlage von guten Erfahrungen durch bekannte Hilfengebung und wartet darauf, was der Reiter macht.

Die Gesamtheit der Hilfen in all ihren Variationen ist entsprechend für jede Situation passend auch im Gelände anwendbar. Pferde, die nach diesem System fachlich richtig ausgebildet sind, vertrauen ihrem Reiter. In schwierigen Situationen lösen sie sogar Aufgaben im Sinne des Reiters unter Umständen selbstständig. Ein riesiger Vertrauensbeweis!

Vielseitige Ausbildung von Reiter und Pferd ist wichtig

Etliche Vielseitigkeitsreiter werden Beispiele nennen können, wo gerade in schweren Geländeprüfungen ihre Pferde ›das Heft in die Hand genommen‹ und Aufgaben bewältigt haben, nachdem der Reiter die Situation vorher ggf. verpatzt hat. Häufig ist es dann schlau, sich möglichst einfach nur ruhig der Bewegung des Pferdes anzupassen und das Pferd allein ›machen‹ zu lassen.

Tausende Reiter in der Breite wünschen sich ein sicheres Pferd, auf das sie sich besonders bei Ausritten und im Gelände verlassen können.

Gerade diese Reiter gilt es mit dem Ausbildungssystem der Klassischen Lehre anzusprechen, denn diese ist geradezu auf ein sicheres Fortkommen im Gelände ausgerichtet.

Es wird eine vielseitige Ausbildung von Reiter und Pferd vorgesehen. Die dressurmäßige Ausbildung des Pferdes gemäß der Ausbildungsskala und gewisse Fertigkeiten im Springen sollen beim Reiten im Gelände als Voraussetzung einfließen.

Abbildung 2
Fünfjährige Holsteiner-Stute mit Vertrauen am überbauten Graben

Diese Grundvoraussetzungen erweisen sich als Garant für ein sicheres Pferd zu jeder Zeit und Gelegenheit.

Ausbildung ist Vertrauensaufbau

Da es ausgebildete Pferde gibt, die fast jede ungewöhnliche Situation und fremde Hindernisse zu jeder Zeit meistern, ist es also tiefgründig mental und muskulär trainierbar, was Pferde verlässlich macht.

Der Vertrauensbeweis der Pferde ist besonders in der Vielseitigkeit zu einem sehr hohen Prozentsatz vorhanden. Pferde erfüllen besonders in diesem Sport (fast) jede verlangte Aufgabe im Gelände, ohne zu zögern. Die Strecke ist ihnen vorher nicht bekannt. Ob kleine, ob große Hindernisse oder ungewöhnliche Situationen – es geht darum, dass jeder Reiter Ausritte und das Reiten im Gelände genießen kann durch gute Übereinstimmung mit seinem Pferd. Die korrekte Anlehnung ist ein ›Wertfaktor‹ für diese Übereinstimmung.

Durch die Ausbildung gemäß der Ausbildungsskala durchläuft das Pferd – einfach ausgedrückt – zusätzlich ein ›Ver-

Abbildung 3 Stute aus Abbildung 2, 8-jährig, mit Mut und Entschlossenheit beim Aufsprung mit vorgelagertem tiefen und breiten Graben.

trauensprogramm‹, welches individuell auf das jeweilige Pferd in seiner Natürlichkeit zugeschnitten werden kann und dessen Bewegungsabläufen entspricht – ein ›Wohlfühlfaktor‹ für das Pferd! Durch die systematische Ausbildung, die für das Pferd in klaren, nachvollziehbaren Schritten erfolgt, ist der positive Einfluss auf das Pferd besonders hoch. Die trainingsbedingte Abstimmung aller Hilfen auf die mentalen und körperlichen (muskulären) Fähigkeiten des Pferdes wirkt sich deutlich aus. Das ruhige Gleichmaß in der Ausbildung, die Berücksichtigung der individuellen körperlichen Fähigkeiten sowie das Prinzip >vom Leichten zum Schweren< schaffen Vertrauen in den Reiter und seine Hilfen und fördern die Ausführungsbereitschaft des Pferdes. Die Grundlagen werden dabei stets an klar erkennbaren Kriterien überprüft und gefestigt.

Ausbildung als Wohlfühlfaktor

Reiter können die Differenzierung der Hilfen in der Theorie studieren und haben dann die Chance, sie in ihrem Reiterleben praktisch täglich zu verbessern. Diese Herausforde-

Abbildung 4
Als junges Pferd eher vorsichtig bei Wassereinritten, hatte die Stute später richtig Spaß an hochspritzendem Wasser. Manchmal wollte sie viel zu heftig ins Wasser springen und der Wassereinsprung konnte ihr gar nicht laut genug sein.

rung bringt die Freude und den Spaß in der Reiterei mit sich.

Reiten ohne Zwang

Fazit: Bei folgerichtiger Ausbildung nach klassischer Reitlehre wird ein Reiter bei seinem in die Hilfen eingerahmten Pferd über den eigenen losgelassenen, ausbalancierten Sitz Unsicherheit, Missverständnisse und/oder Nervosität bei seinem Pferd sehr schnell fühlen und sogar vorab ahnen. Der Reiter ist vorbereitet. Er kann nun mit reiterlichen Mitteln, denen das Pferd vertraut, ohne Zwang auf jede Situation Einfluss nehmen. Die Reaktion des Pferdes auf ungewohnte Ereignisse wird in der Regel geringer ausfallen oder gar entfallen, wodurch auch Stress-Situationen vermieden werden.

Wir wollen uns also vor Augen führen, dass die Gebrauchsfähigkeit eines Pferdes überwiegend in der Hand des Ausbilders und/oder des Reiters selbst liegt, auch wenn charakterliche Merkmale des Pferdes dabei eine Rolle spielen.

Kapitel 5

Ausbildungssituationen von Reitern und Pferden

Foto: © Bettina Schraps

Ausbildungssituationen von Reitern und Pferden

Reiter

Wo könnte nun ein interessierter Reiter gute Pferdeausbildung vom jungen bis zum erfahrenen Pferd beobachten? Eine Ahnung bzw. ein richtiges Bild für einen lernwilligen Reiter ergibt sich erst, wenn er tagtäglich über einen langen Zeitraum Entwicklungen bei jüngeren und älteren Pferden verfolgen kann.

Von zentraler Bedeutung ist die Beobachtung erfahrener Reiter während ihrer Arbeit sowie des Ausbilders, der Pferd und Reiter gezielt schult. Hochwertige Reitpferdeinstitute und Ausbildungsstätten, die einen täglichen, freien Zugang ermöglichen, sind heutzutage kaum noch zu finden.

Status quo von Reiter- und Pferdeausbildung

Daher wird zunehmend im Internet oder auf Lehrgängen Anleitung gesucht. Kurze Lehrgänge helfen dem Reiter aber bei der Umsetzung allein zu Hause nicht weiter. Es wird dann überall nach einem Strohhalm gegriffen. Selbst auf Tageslehrgängen oder Vorführstunden mit fremden Reitern und Pferden bei Spitzenausbildern sind Erfolge im Sinne der klassischen Lehre aufgrund der Kürze der Zeit kaum klar herauszuarbeiten.

Natürlich nicht – keiner kann zaubern! Pferde, die bisher ohne richtige Ausbildungsstruktur geritten wurden, kann auch ein Spitzenausbilder nicht an einem Tag zum Stern am Himmel der klassischen Lehre machen.

Die erste Reiterpflicht besteht darin, sich zunächst selbst ernsthaft und nachhaltig mit der Materie auseinanderzusetzen. Das bedeutet konkret, sich theoretische Kenntnisse zur Pferde- und der Reitausbildung anzueignen! So merken Reiter auch schon bei der Beantwortung ihrer Fragen durch den Ausbilder, ob dieser ihnen mit fachlichem Hintergrundwissen weiterhelfen bzw. Theorie und Praxis in Verbindung bringen kann. Bei der praktischen Umsetzung braucht es dann sicher auch viel Feedback-Aktion Dem Ausbilder seines Vertrauens sollte man über längere Zeit eine Chance geben und dann beurteilen, ob eine positive Entwicklung eingetreten ist.

Aus- und Fortbildung sind entscheidend, um Reiterinnen und Reiter in Theorie und Praxis zu schulen

Damit an dieser Stelle keine Missverständnisse entstehen: Jeder gut aufgebaute Lehrgang, in dem auch nur Ansätze von Entwicklungen in die richtige Richtung gemäß Klassischer Reitlehre zu erkennen sind, hat wertvollen Charakter und kann bei Reitern, Ausbildern und Pferden positive Spuren hinterlassen. Man muss eben auf die kleinen Veränderungen zum Positiven aufmerksam machen. Dies gilt im Besonderen für die Grundlagen Takt, Losgelassenheit und Anlehnung.

Etliche Reitlehrer stellen sich Fragen: Wie kann ich die Reiterwünsche mit davon abweichenden realistischen Ausbildungszielen meinem Schüler motivierend vermitteln? Wie kann ich mit Reiter und Pferd eine korrekte, konstante Anlehnung erarbeiten?

Bei einer für das Pferd nicht verständlichen Hilfengebung des Reiters und daraus resultierender unkorrekter Anlehnung wird das Pferd nicht darauf vorbereitet, das Reitergewicht schadlos tragen und seine eigenen Bewegungen unter dem Reiter koordinieren zu können.

Das Pferd hat Stress, weil es keine klaren und verständlichen Hilfen bekommt. Es weiß nicht, was es tun soll, und muss raten. Hierdurch folgende Widersetzlichkeit bei Pferden ist möglicherweise durch den Reiter verursacht, wenn nicht vom Tierarzt diagnostizierte Erkrankungen oder charakterliche Mängel dahinterstecken.

Erreichbarkeit der Reiter – Gedanken eines Reitlehrers

Wie kann ich mit Reitschülern zu einem Konsens kommen?
Häufig ... nein, in den letzten Jahren fast immer, wenn ich einen neuen Reitschüler unterrichte, komme ich ins Grübeln. Die gesamte Erfahrung des Reiterlebens nach über fünfzig Jahren ... Der Weg war schön, aber auch so lang. Er brauchte viel Energie, Arbeit an sich selbst und Disziplin, vereint mit fundiertem theoretischen Wissen. Gezielte Beobachtung ermöglicht es mir zunächst, individuell auf Reitschüler und Pferd einzugehen und passende Ausbildungsziele zu definieren.

Schon in der ersten Trainingseinheit gelingt es meistens das Reitergefühl zu wecken. Wie fühlt sich die Bewegung des Pferdes an? Wie reagiert der eigene Körper darauf, während man auf dem Pferderücken sitzt? Mit der Umsetzung einiger Übungen erlebt der Reiter schon ein kleines Glücksgefühl, was die Harmonie mit seinem Pferd betrifft. Trotz des Erfolges tauchen bei mir Verwunderung und Fragen auf: Der Reitschüler reitet bereits 15 Jahre oder länger. Ich sehe den Sitz, das Pferd, kann mir vorstellen, wie ich erfolgreich schulen kann und in welcher Reihenfolge positive Veränderungen durch regelmäßiges ›Basis‹-Training möglich sind. Aber ich weiß auch, dass es wiederum Monate und Jahre dauern wird, bevor dieser Reiter seine Vorstellungen, die er an mich herangetragen hat, obwohl er schon 15 Jahre reitet, korrekt verwirklichen kann.

Mit einmal Reitunterricht pro Woche sind diese kaum erreichbar. Genau genommen muss der Reiter neu anfangen, z. B. mit Sitzübungen an der Longe, was meist auch kurzfristig funktioniert und eine Motivation auslöst.

Der Reiter hätte aber gern schnelle Erfolgserlebnisse. Er möchte jetzt Schulterherein und Travers reiten und endlich die fliegenden Galoppwechsel lernen. Der Sitz des Reiters ist aber nicht ausbalanciert und die Hilfengebung für diese Lektionen kann er nicht korrekt ausführen. Auch beim Pferd sind die Grundlagen nicht vorhanden, sodass selbst bei richtigen Reiterhilfen einfachste Dinge vom Pferd nicht richtig umgesetzt werden können.

Bei einer durch unverständliche Hilfen entstandenen Widersetzlichkeit sowie Ausbildungsproblemen, werden dem Pferd von Pferdebesitzern sowie Reitern gern irgendwelche Erkrankungen zugeordnet. Reiter weichen einer Analyse zum eigenen Ausbildungsstand und der des Trainings mit dem Pferd oft aus. Schließlich wollen Reiter ihr Pferd selbst ausbilden. Voraussetzung dafür ist jedoch die fundierte Ausbildung des Reiters.

Eine fachgerechte, pferdegerechte Ausbildung ist elementar

Reiter ohne mehrjährige Ausbildung unter fachgerechter Anleitung kommen bei Ausbildungsproblemen mit dem Pferd häufig zu dem Schluss, dass das Pferd Abwechslung braucht. Es muss spazieren gehen und spielen. Ein ›Spezialtrainer‹ oder verschiedene Therapeuten müssen her, besser alles parallel. Die Reitleistungen der Reiter werden dadurch in der Regel nicht verbessert und in den Hintergrund geschoben. Diesbezüglich schleicht sich das Gefühl ein, dass manch ein Therapeut häufiger mit einem Pferd arbeitet, als der Reiter oder Besitzer selbst. Der neueste Trend in Reiterkreisen ist die eigene Ausbildung zum Physiotherapeuten oder Heilpraktiker.

Reiter therapieren ihre Pferde zur Prophylaxe auch selbst, ohne irgendwelche Bewegungsstörungen sowie überhaupt gesundheitliche Probleme beim Pferd festgestellt zu haben und ohne eine sichere tierärztliche Diagnose.

Erfahrungen und heutige Beobachtungen auf Reitanlagen zeigen, dass Pferden ohne Grund entzündungshemmende Naturprodukte in hohen Dosen gefüttert werden. Es wird nicht bedacht, dass starke Nebenwirkungen wie z.B. Magengeschwüre die Folge sein können.

Sogenannte Therapieställe werden on top auf Reitanlagen errichtet. Hier lassen in der Regel Laien, was medizinische Ausbildung angeht, ihren Pferden Sauna, Inhalation, Laufband und mehr zugutekommen. Tierärztliche Diagnosen und entsprechende Befunde für diese Behandlungen liegen häufig nicht vor.

Eine gewisse Vermenschlichung findet statt, in dem das komplette und modernste humanmedizinische Programm beim Pferd nach Ansicht vieler Pferdebesitzer permanent Anwendung finden muss.
Gesundheitliche Probleme des Pferdes, entstanden durchs Reiten, können mittels physiotherapeutischer Maßnahmen gelindert oder behoben werden. Es sind sich allerdings wohl alle seriösen Therapeuten einig, dass in solchen Fällen zunächst die Ursache des Problems abzustellen ist. Ein Ergänzungsfuttermittel, das die mangelnde Pferdeausbildung kompensiert, ist leider noch nicht auf dem Markt. Fachgerechter Trainingsaufbau für das Pferd und Training für den Reiter sind Garanten für die gute Abstimmung von Pferd und Reiter.

So sagte Herr Major a. D. Stecken[7] noch in der alten westfälischen Reit- und Fahrschule zu mir den bekannten Satz:
»Jungchen, ein bisschen richtig reiten reicht!«
Dieser eine Satz wird heute oft zitiert. Er beinhaltet sehr viel Wahrheit und hat mich 18-jährig erstmalig zum ernsthaften Nachdenken über die Reiterei gebracht.

Richtiges Reiten im Sinne einer vielseitigen und abwechslungsreichen Ausbildung des Pferdes ist die beste Prophylaxe vor gesundheitlichen Fehlentwicklungen.

Die positiv selbstkritische Betrachtung des Reiters bezüglich seiner Reitleistungen trägt sehr dazu bei, ein verantwortungsbewusster Reiter und echter Pferdemensch zu werden. Es gilt, positive Trainingseffekte und altersgemäße Entwicklung des Pferdes bei systematischem Trainingsauf-

(7) Major a.D. Paul Stecken (1916–2016) war ein deutscher Ausbilder von Pferden, Reitern und Reitlehrern. Er war Cheftrainer von vielen Profi- und Meistermannschaften, Trainer von mehreren Olympiasiegern sowie Welt- und Europameistern der Reiter.

Abbildung 5
Haflinger mit viel Kaliber, dreieinhalbjährig; mit seiner sechsjährigen Besitzerin.

Abbildung 6
Das ist der Haflinger vom Bild oben, sechsjährig, in einer A-Dressur

bau abzuwarten. So werden auch bei unterschiedlichen Pferderassen gute und pferdegerechte Ausbildungsergebnisse erzielt.

Pferde

Durch die hoch entwickelte Pferdezucht ergeben sich heute in erster Linie für turniersportorientierte Reiter Wunschträume.

Man glaubt beim Kauf eines solchen Pferdes, dass Typ und Veranlagung allein schon den Sieg bringen. Die Bewertungen auf Turnieren lösen Fragen aus: Beeinflusst ein allein von Natur aus gut angesetzter Hals mit schön gewölbter oberer Linie die Bewertung in Dressurprüfungen übermäßig? Werden die Gangarten Schritt, Trab und Galopp in der Pferdeausbildung gleichwertig berücksichtigt und auf Turnieren bewertet?

Abbildung 7
Halsungen wie bei diesem dreijährigen Pferd wünschen sich Reiter in dem Glauben, die nächste Dressur hiermit schon gewonnen zu haben.

Geht von der Trabaktion bzw. Veranlagung eine besondere Faszination aus, sodass diese allgemein überbewertet wird?

Gedanken zur Bewertung von Dressurprüfungen

Wir sehen im Dressursport Pferde, die mit überragenden Grundgangarten ausgestattet sind, mit viel ›Go‹ und idealen Oberlinien bergauf konstruiert. Diese Pferde dominieren den Sport und gewinnen von den national untersten Klassen bis hin zum internationalen 5*-Grand-Prix. Es entsteht allerdings auch der Eindruck, dass der Reitpferdetyp und die Dressurpferdeveranlagung immer mehr Einfluss auf die Richterbewertung einer Dressurprüfung nehmen, ähnlich wie bei der Dressurpferdeprüfung.

Erlebnis

Auf einem ländlichen Turnier steht ein Ausbilder mit seinem Reitschüler am Rande einer Dressurprüfung.
Im Prüfungsviereck befindet sich ein hochbegabtes Pferd im besten Dressurpferdetyp mit einem unharmonisch sitzenden Reiter. Während der gesamten Prüfung findet dieser keine gute Abstimmung mit seinem Pferd. Dieses Paar bekommt für die Vorstellung Höchstnoten, obwohl auch die Ausführung der Lektionen maximal im befriedigenden Bereich lag.
Der erstaunte Reitschüler fragt seinen Ausbilder: »Wie kann denn dieser Reiter mit dem Sitz und schlechter Hilfengebung die Prüfung gewinnen?«
Der Reitlehrer antwortet verzweifelt: »Tja, Siege im Turniersport setzen heute leider nicht immer einen geschulten Reitersitz voraus und auch die richtige Ausführung der Lektionen gemäß unserer Reitlehre sind dafür nicht zwangsläufig erforderlich.«

Der Schwerpunkt in der Bewertung von Dressurprüfungen sollte allerdings in der Ausführung der Lektionen liegen, unter Berücksichtigung von überlieferten Grundsätzen der Ausbildungsskala. Die Ausführung kann nur gut sein, wenn ein Reiter sein Pferd auf jede Lektion entsprechend vorbereitet. Das heißt, die Aufgabe mit den richtigen reiterlichen Hilfen aus korrektem Reitersitz heraus einleitet und am verlangten Punkt gemäß der Aufgabenstellung durchführt.

Kritisch hinterfragt: Was wird bewertet?

Wird ein besonders talentiertes Reitpferd auf Reitturnieren vorgestellt, hat man gelegentlich den Eindruck, dass Ausbildungsfehler oft ›übersehen‹ werden. Kernpunkte der Dressurausbildung rücken in den Hintergrund. Ein mächtiger Pferdehals darf von Natur aus allein keine Prüfung entscheiden! Gerade hier muss die richtige Anlehnung im Fokus sein.

Die korrekte Ausbildung gemäß klassischer Reitlehre bzw. der Ausbildungsskala bis hin zur Versammlung führt zu einer relativen Aufrichtung, (vgl. Stecken, 2015, S. 8) [10]. Daraus ergibt sich u. a. die richtig antrainierte Muskulatur des Pferdehalses.

Durch die richtig erarbeitete relative Aufrichtung wird auch die Selbsthaltung des Pferdes unter dem Reiter positiv verändert (vgl. Der Reiter formt das Pferd, 2004, S. 67 ff.), was auch Turnierrichter auf Reitturnieren in Prüfungen erkennen können. Bei mit idealer Halsung ausgestatteten jungen Pferden ist die Versuchung groß, trotz noch fehlender reeller Anlehnung gemäß der Ausbildungsskala, eine optische Aufrichtung und Beizäumung über reine Zügelanzüge darzustellen. Dies hat mit der in der Reitlehre beschriebenen relativen Aufrichtung nichts zu tun und ist kontraproduktiv für die weitere Ausbildung des Pferdes.

Abbildung 8
Dieses Foto könnte man analog zu der Grafik in den Richtlinien Band I auf S. 231 betrachten. Erster Satz der Beschriftung der Grafik lautet: ›Hinter der Senkrechten und eng im Hals.‹ (Grundausbildung für Reiter und Pferd, 2012, S. 231) [11]

Bei tiefer Kopf-Hals-Haltung und im Hals eng gemachten Pferden können deren Hinterbeine, aufgrund der biologischen Funktionsweise des Pferdes, nicht mehr weit genug nach vorn unter den Schwerpunkt treten. Eine relative Aufrichtung wird unmöglich.

Spektakuläre Bewegungen, besonders im Trab, sind gefragt, auch wenn diese Spannungen und Festigkeiten beim Pferd verraten. Ein in Losgelassenheit arbeitendes Pferd, welches einen reellen Mitteltrab zeigt, hat es leider oft schwer gegen ein mit spektakulärer Trabveranlagung ausgestattetes Pferd, bei dem die Kriterien für den Mitteltrab noch gar nicht erfüllt sind.

Eine Diagonale Mitteltrab oder auch manchmal nur Trabveranlagung kann maßgeblich dazu beitragen, dass bei Dressurprüfungen in unteren Klassen dieser Ritt mit einer Platzierung belohnt wird.

Das verstärkte Einbringen von Dressurpferdeveranlagung in die Bewertung von Dressurprüfungen wirft für die korrekte Ausbildung von Pferd und Reiter Fragen der Glaubwürdigkeit in Richtung Ausbildungsskala auf!

Daneben fragen sich die Reiter: »Warum soll ich mich so anstrengen und angeblich richtig reiten lernen, wenn ich doch nur ein gutes Pferd brauche, um zu gewinnen?«

Werden Pferdeausbildung, Ausbilder und korrekte Reitausbildung in den Hintergrund gedrängt? Alle suchen einfach nur ein gutes, besser noch überragendes Pferd für den Spitzensport.

Wie werden Bewegung und Gänge bewertet?

Vom Trab des Pferdes scheint eine besondere Faszination auszugehen, obwohl Schritt und Galopp als Gangarten gleich hoch gewichtet werden müssen. Wenn ein Pferd spektakulär trabt, ist es fast schon platziert. So erlebt man es heute zumindest oft in Dressurpferdeprüfungen.

Für schlechten Schritt oder Galopp gibt es nicht immer entsprechende Noten, wenn das Pferd eine gute Trabveranlagung zeigt. Oder andersherum: Ein Pferd mit überragendem Schritt und Galopp bei entwicklungsfähigem Trab wird heute selten gegen ein gut trabendes Pferd mit eben nur mäßigem oder sogar schlechtem Schritt und Galopp gewinnen.

Dabei ist doch der Trab durch richtige Ausbildungsarbeit die Gangart, die am besten zu entwickeln ist. Auch bei einer normalen Veranlagung des Pferdes lässt sich in der Regel auch ein guter Mitteltrab entwickeln.
Ein durch Spannungen verursachtes Vor-sich-hin-Schweben bedeutet nicht gleich Mitteltrab.

Leider scheint dies heute aber gleichgesetzt zu werden und führt in diesen Fällen zu fehlerhaften Schlüssen in der Pferdeausbildung.

Abbildung 9
Dreijähriger Halbblüter, drei Monate unter dem Sattel.

Dieser hier abgebildete dreijährige Halbblüter verfügte nur über eher unterdurchschnittliche Bewegungen im Trab.

Das nächste Bild rechts oben zeigt dasselbe Pferd nach gut zwei Jahren Ausbildung fünfjährig im Mitteltrab. Hier ist zwar von reiterlicher Seite nicht alles perfekt, doch werden die Möglichkeiten aufgezeigt, die sich gemäß der Ausbildung nach der Ausbildungsskala ergeben, ohne ein Pferd im Hals eng zu machen.
Dies könnte viele Reiter auch in der Breite ermutigen, sich doch einmal intensiver mit der klassischen Reitlehre auseinanderzusetzen.

Nach wie vor gibt es immer noch sehr viele Reitpferde, die nicht mit allen Exterieur-Vorteilen und optimalen Begabungen ausgestattet sind. Ideale Oberlinien, Halsungen, Pferderücken usw. sind in der Breite eben nicht immer vorhanden. Über das Ausbildungssystem der Klassischen Reitlehre findet der Reiter allerdings Ausbildungswege für jedes Pferd.

Abbildung 10
Halbblüter aus Abbildung 9 links nun fünfjährig im Mitteltrab, mit aktivem Hinterbein und Schulterfreiheit, im Takt, bei richtiger diagonaler Fußfolge und mit Rahmenerweiterung.

Pferdebeurteilung nach körperlichen und charakterlichen Voraussetzungen *(vgl. Schwitte, Möhlenbruch, Botterman 1991, S. 80–100) [12],* besonders hinsichtlich zukünftiger Nutzung des Pferdes und in Abstimmung mit dem Ausbildungsstand des Reiters, spielt an der Basis häufig keine Rolle.

Ein Pferd wird gekauft, weil es süß ist, eine besondere Farbe hat oder weil es solch ein Pferd im Reitstall noch nicht gibt. Häufig sind es auch Pferderassen, die nicht unbedingt dem Reitpferdetyp entsprechen. Oder sie verfügen nicht über die Reitpferdeeigenschaften, welche der Reitschüler zum reellen Erlernen der Reiterei bräuchte.

Eventuell haben es gerade unerfahrene Reiter mit Exterieur-Mängeln und/oder Interieur-Mängeln bei ihren Pferden zu tun. Nur erfahrene und fachlich versierte Reiter können durch geduldige Ausbildung die Reitpferdeeigenschaften solcher Pferde verbessern, sodass sie auch für weniger geübte Reiter geeignet sind.

Probleme, die sich aus Mängeln des Interieurs oder Exterieurs ergeben können, sind für unerfahrene Reiter in der Regel nicht abschätzbar. Zeichnungen in Fachbüchern bilden oft Pferde mit idealen Oberlinien und insgesamt perfektem Exterieur ab.

Das Pferd auf den folgenden Bildern ist nicht mit ›dem perfekten Exterieur‹ und allerbesten Reitpferdepoints ausgestattet.
Diese zu dem Zeitpunkt fünfjährige Holsteiner Stute war dreijährig im Stutentest durchgefallen, da der Fremdreiter sie nicht reiten konnte. Sie hatte danach ein Fohlen. Nach dem Absetzen des Fohlens war sie hier sechs Monate in der Ausbildung.
Man erkennt eine Ganaschenenge. Eng machen im Hals würde die Ohrspeicheldrüse quetschen und dem Pferd dadurch Schmerzen bereiten. *(vgl. Karl, 2006, S. 25) [13]*

Landläufig hört man von Außenstehenden zu dieser Situation den Kommentar: »Das Pferd ist ja nicht am Zügel.«

Abbildung 11
Korrekte Anlehnung, Aktivität der Hinterhand geht durch den Körper über den Rücken zur Hand; das Pferd lässt Aufmerksamkeit und Losgelassenheit erkennen; Stirnlinie leicht vor der Senkrechten; fünfjährige Stute, die nicht mit einem ›perfekten Exterieur‹ ausgestattet ist.

Auch auf Reitturnieren kann man diesbezüglich den Richterkommentar: ›Zu wenig Anlehnung‹, bekommen.

Gedanken wie: ›Der Kopf muss runter bei rundem Hals‹, sind auf dem Vormarsch und prägen sich bei Reitern und Richtern ein. Das Bild für eine richtige Anlehnung nach klassischer Lehre darf bei Pferdefachleuten, besonders auch individuell auf das jeweilige Pferd bezogen, nicht verloren gehen.

Auf den Abbildungen 11 und 12 wird die korrekte Anlehnung im Geradeaus sowie auf gebogener Linie demonstriert. Der Takt, also das Gleichgewicht in Bewegungsrichtung, ist bei erkennbarer Losgelassenheit erreicht. Das Pferd tritt an das Gebiss heran, wodurch sich eine stete Zügelverbindung zum Pferdemaul ergibt.

Obwohl die Stute nicht über die besten Reitpferdepoints verfügt, zeichnet sich bereits nach kurzer Ausbildungszeit ein harmonisches Bild ab. Gedanklich darf der Ausbildungs-

Abbildung 12
Korrekte Längsbiegung mit bereits guter vertikaler Balance.

stand zu diesem Zeitpunkt natürlich nicht mit dem eines Championats-Pferdes verglichen werden.

Durch die geraderichtende Arbeit auf gebogenen Linien ist hier auch bereits eine seitliche Balance, also nach links und rechts, sichtbar. Die hinteren Hufe spuren in die der vorderen Hufe. Die weiterführende dressurmäßige Gymnastizierung des Pferdes führt zur gleichmäßigen Lastaufnahme beider Hinterbeine, wodurch eine gleichmäßige Anlehnung an beiden Zügeln immer sicherer wird. Diese wird sich nur erhalten lassen, besonders in der Versammlung, wenn der Zug nach vorn und damit zur Hand durch die aktiv nach vorn tretenden Hinterbeine gewährleistet wird.
Bei guter, folgerichtiger Ausbildung kann sicher das eine oder andere unterschätzte Pferd ein angenehm zu reitender und verlässlicher Partner für seinen Reiter werden.

Immer die Gesundheit des Reitpferdes im Blick

Die große Aufgabe für Ausbilder besteht darin, auch Pferde ohne Top-Voraussetzungen mit ihren Reitern (Reitschülern) harmonisch im Sinne der Klassischen Lehre abzustimmen bzw. auszubilden. Die Gesunderhaltung des Pferdes unter dem Reiter ist der Lohn für diese Arbeit.

Pferde, die eine korrekte Grundausbildung erfahren haben und vor allem in einer fachlich richtig erarbeiteten Anlehnung gehen, werden allerdings zu Raritäten. Verkaufsställe bieten teils drei- und vierjährige festgezogene und strampelnde Pferde an, die schon einen falschen Knick aufweisen. Dem Käufer wird erklärt, dass das Pferd bereits in Aufrichtung geht bzw. mit einer natürlichen Aufrichtung ausgestattet ist. Als Reiter und Pferdeliebhaber muss man jedoch bei diesem Anblick wach werden. In dieser Haltung ist die Gefahr groß, dass ein Pferd gesundheitlich geschädigt wird! Durch Ausbildungsdefizite dieser Art können Pferde trotz gutem Exterieur und Charakter dem Pferdekäufer und Reiter in dieser Hinsicht Schwierigkeiten berei-

Abbildung 13
Verengte Halswirbelzwischenräume können Schmerzen bereiten und negative Folgen für die Pferdegesundheit nach sich ziehen.
(Vgl. Abbildung 20)

ten. Die Korrektur solcher Mängel und das Herstellen einer richtigen Anlehnung im Sinne der Klassischen Lehre werden zur großen Herausforderung. Diese bleibt nur sehr erfahrenen, gut ausgebildeten und gefühlvollen Reitern vorbehalten. Der Beritt kostet in der Regel Geld und ist zeitintensiv.

Für alle anderen Reiter wird es beim Kauf eines solchen Pferdes schwer, zur Klassischen Reitlehre zu finden, da schon die Basis nicht gegeben ist und Zusammenhänge der Ausbildungsskala sich nicht ergeben. Das einmalige Gefühl eines gut gerittenen Pferdes gemäß klassischer Lehre bleibt vielen Reitern damit verborgen.

Kapitel 6

Anatomische Betrachtungen

zur Anlehnung und zu Fehlinterpretationen im Reitsport

Anatomische Betrachtungen zur Anlehnung

In den folgenden Kapiteln wird nicht auf sämtliche Funktionen aller Muskeln, Bänder und Sehnen sowie deren funktionelle Zusammenhänge eingegangen. Vielmehr soll für den Reiter deutlich werden, welche Auswirkungen Anlehnungsfehler – insbesondere eine zu tiefe Kopf-Hals-Haltung oder eine übermäßige Aufrichtung – im Vergleich zu einer korrekt erarbeiteten Anlehnung gemäß der Ausbildungsskala haben.

Anlehnung verstehen

Die Betrachtung der Oberlinie und die Beurteilung der Aktivität der Hinterhand des Pferdes ergeben gut sichtbare Fakten. Bei der korrekten Anlehnung kann das Reitpferd unter dem Reiter seinen Rücken aufwölben, den Reiter leicht tragen und seine natürlichen Bewegungen mit Reitergewicht entfalten.
Durch das Skelett des Pferdes bedingt ergeben sich zwei natürliche positive Hebelwirkungen, aus denen man die Entstehung zweier Zugrichtungen ableiten kann.
Das ungehinderte freie Vortreten bzw. Vorschwingen der Hinterbeine, die richtige Funktionsweise der Nackenmuskulatur, des Nackenbandes, im weiteren Verlauf die des Nacken-/Rückenbandes in seiner Gesamtheit und im Zusammenhang mit der Rückenmuskulatur spielen hierbei eine maßgebliche Rolle.

Skelettmechanisch lässt sich das Gebäude des Pferdes als eine Verbindung von zwei doppelarmigen Winkelhebeln darstellen, die in ihren jeweiligen Drehpunkten durch die Vorder- bzw. Hinterbeine unterstützt sind. Den vorderen Arm des ersten Hebels (der noch den Kopf und Hals trägt) bilden die Halswirbel, den hinteren Arm die Rückenwirbel, wobei die Vorderbeine diesen Hebel in seinem Drehpunkt unterstützen. Beim zweiten Hebel besteht dessen vorderer Arm aus den Lendenwirbeln, der hintere Arm aus dem Becken. Die Unterstützung im Drehpunkt erfolgt durch die Hinterbeine. *(Knopfhart, 1975, S. 30) [6]*

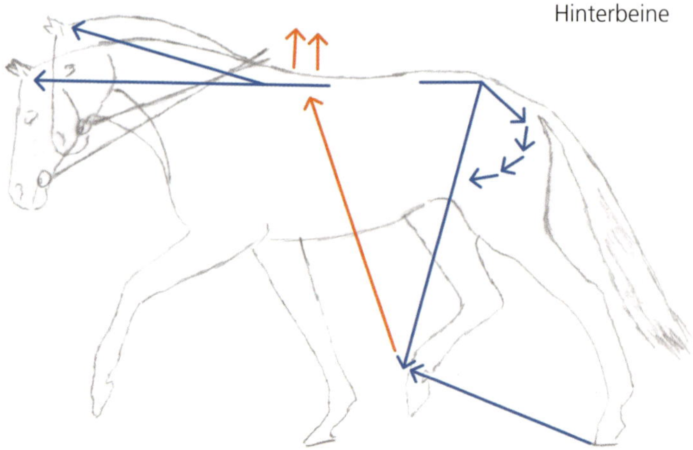

Abbildung 14 Skelettmechanisch bedingte Hebelwirkungen beim Pferd

Sucht nun das Pferd die Anlehnung und dehnt sich an die Reiterhand, entweder ins Vorwärts-abwärts oder bei relativer Aufrichtung, entfaltet der vordere Hebel seine Wirkung, indem die Wirbelbrücke angehoben wird. Damit das Nackenband und die Nackenmuskulatur ihre natürliche, optimale Kraft entfalten können, muss sich die Nasen-/Stirnlinie des Pferdes leicht vor oder in der Senkrechten befinden. Ausgehend vom Hinterhauptsbein ziehen das Nackenband und die Nackenmuskeln die Dornfortsätze des Widerristes nach vorn in eine aufrechte Position.

Das sehnige, teils elastische Nacken-/Rückenband und die Nackenmuskeln sind maßgeblich für die sogenannte ›passive Aufhängung‹ verantwortlich. Diese Funktion ermöglicht es dem Pferd, das eigene plus Reitergewicht zu tragen und den Rücken *»in einer schwingenden natürlichen ›Nullstellung‹ zu halten«*, wodurch der Rückenmuskel frei beweglich ist. *(vgl. Heuschmann[8], 2004, S.71,72,73)*

»Über die gesamte Länge der Wirbelsäule des Pferdes spannt sich das sogenannte Nackenrückenband. Dieses Band sollte ständig so weit wie möglich gedehnt sein. Bei völliger Dehnung wird nicht nur die Elastizität und somit das Schwingverhalten des Rückens verbessert, sondern gleichzeitig der Rücken des Pferdes oder die Wirbelsäule aufgewölbt. Zur Wölbung des Rückens sollte das Nackenrückenband an beiden Enden ›heruntergezogen‹ werden, d.h. das Pferd muss bei gleichzeitigem Unterschieben der Hinterhand den Hals nach vorwärts-abwärts dehnen.«

(De Kunffy[9], 1997, S. 110,111) [14]

Damit der hintere Hebel seine Kraft entfaltet, muss das Pferd mit den Hinterbeinen zunächst nach vorn in Richtung unter den Schwerpunkt treten. Dies ist ebenso Voraussetzung für die im weiteren Zuge der Ausbildung zu erarbeitende Versammlung, bei der das Pferd das Hüft- und Kniegelenk vermehrt beugen soll.

Eine verlängerte Beugung aller Gelenke des Stützbeins und das verlängerte Abfedern des Gewichtes bedeutet Tragkraft der Hinterhand. Muskeln und Bänder der Hinterhand in Verbindung mit dem langen Rückenmuskel ermöglichen bei richtiger Funktion der Hankenbeugung, ausgehend durch den Zug von hinten, das Aufwölben des Rückens sowie das Anheben und die Entlastung der Vorhand.

---

(8) Dr. Gerd Heuschmann ist Tierarzt und ehemaliger Leiter einer tierärztlichen Klinik. Nach seiner Ausbildung zum Pferdewirt studierte er Veterinärmedizin an der LMU München. Heute ist er international als Referent tätig.

(9) Charles de Kunffy war ein bedeutender Vertreter der klassischen Reiterei, bei der das körperliche und psychische Wohl des Pferdes im Mittelpunkt steht. Der gebürtige Ungar wurde in der Tradition der Klassischen Reitlehre ausgebildet, in der Dressur, Springen und Geländereiten gleichberechtigt nebeneinanderstanden.

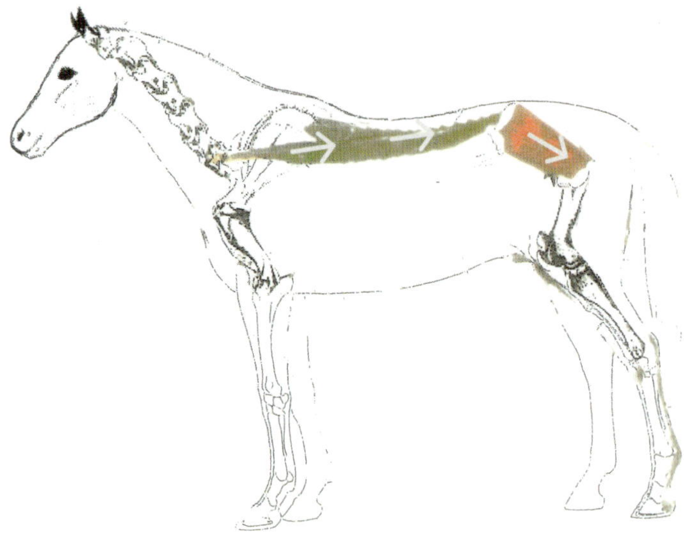

Abbildung 15
In dieser Grafik wird bei dem stehenden Pferd die richtige Funktion, d.h. die Zugrichtung des langen Rückenmuskels und Gesäßmuskels angedeutet, wenn sich das Pferd bei korrekt erarbeiteter Anlehnung fortbewegt.

»Durch seine Faszie ist der lange Rückenmuskel mit dem großen Gesäßmuskel verbunden und damit arbeitsmäßig in den Takt der Bewegung der Hinterhand einbezogen und davon abhängig.« (Bürger, Zietzschmann, 2004, S. 99) [7] »Wenn er von seiner hinteren Basis aus wirkt, erhebt er die Vorhand bei aufgewölbtem Rücken.«
(Bürger, Zietzschmann, 2004, 2. Auflage, S. 29) [7]

Die Tatsache, dass der lange Rückenmuskel Verbindungen zu allen Brustwirbeln und dem siebten Halswirbel hat, erklärt diese Funktionsweise. *(Vgl. Bürger, Zietzschmann, 2004, 2. Auflage S. 29) [7]*

Den natürlichen Gang des Pferdes zu erhalten ist die absolute Ausbildungsgrundlage. Bevor wir also die wohl häufigsten Fehlinterpretationen der Anlehnung anschauen, müssen wir uns die naturgegebene Aktion der Hinterhand noch einmal genauer vor Augen führen.

»Die Bewegung des Hinterbeins ist in vier Phasen einzuteilen und zwar in Vorschwingen, Fußen, Stützen und Abschwingen, besser Abschieben. Diese Vorgänge laufen bei allen Gangarten in gleicher Weise ab. Beobachtet man ein junges, frei gehendes Pferd, so sieht man Folgendes: Das Hinterbein schwingt in Beugehaltung vor; im Augenblick des Fußens ist das Hüftgelenk maximal gebeugt, Knie- und Sprunggelenk sind aber nicht voll gestreckt. In dem Augenblick, in dem das aufgesetzte Bein die Körperlast übernimmt, federt die ganze Gliedmaße in allen Gelenken einmal leicht durch, und erst dann beginnt die Streckung der Gliedmaße in allen Gelenken und erreicht ihren Höhepunkt beim Abschieben.«

(Bürger, Zietzschmann, 2004, S. 36) [7]

Kurze Tritte ohne vorschwingendes Hinterbein oder übereilte Tritte lassen diesen Ablauf nicht zu. Verbleibt das Pferd mit dem fußenden Hinterbein in Streckstellung und lässt das Beugen und Durchfedern aus, hat das andere Hinterbein nicht genügend Zeit zum Vorschwingen. Das Pferd fällt auf die Vorhand. Durch Verlängerung der Beugephase kann der Gang des Pferdes schwungvoller gestaltet werden. *(vgl. Bürger, Zietzschmann, 2004, S.36) [7]*

In Reitbahnen, auf Reitturnieren und bei Auktionsveranstaltungen sehen wir vermehrt eingerollte Pferdehälse und die absolute Aufrichtung bei der Vorstellung der Pferde unter dem Reiter.

Durch die inzwischen allgemein üblichen Sprüche, die immer öfter auch in Interviews von Reitern im TV zu hören sind, wie:
»Hauptsache Gas und Bremse funktionieren« oder »die Lenkung funktioniert nicht«, wird die Reiterei (Reitkunst) auf ›Ziehen am Zügel‹ und, wie häufig zu beobachten, auf überdimensionale Schenkelhilfen reduziert.

In der Breite wird diese Vereinfachung wahrgenommen und reiterlich übernommen. Es kommt die Frage auf: Warum diese Sprüche in Interviews, und inwieweit werden Sportpferde noch nach den Richtlinien ausgebildet?

Es sind also nicht nur Reitanfänger, die solche Formulierungen nutzen, sondern auch gestandene Reiter und Spitzensportler.
Wäre es nicht besser, kurz umrissen einen Trainingsweg zu beschreiben, der erahnen lässt, wie lange ein Pferd braucht, um Höchstanforderungen zu erfüllen?

Im Reitunterricht hört man leider noch immer häufig wenig hilfreiche Anweisungen. Typische Kommandos sind dabei:

»Reite ihn runder« – »tiefer einstellen« - »noch tiefer, damit er den Kopf nicht wieder hochnimmt.«

Damit sind wir beim absoluten **Unwort** der Reiterei und bei Ausbildungsanweisungen, die so nirgends in der Klassischen Reitlehre zu finden sind. Wie soll sich ein Laie, lernwilliger Reiter oder die ausgebildete Fachkraft **rund** einstellen erklären?

Den Galoppsprung kann ein Reiter vom Gefühl her ggf. als rund bezeichnen im Sinne eines klaren Dreitaktes mit entsprechender Schwebephase im Vergleich zu einem Galopp im Viertakt.

Tiefe und enge Kopf-/Halshaltung

Das Wort >rund< zur Beschreibung der Haltung eines Pferdes unter dem Reiter zu verwenden, hat sich inzwischen als problematisch erwiesen.

Die Begriffe ›rund‹ und ›aufgewölbt‹ sind im Zusammenhang mit der Anlehnung stark zu differenzieren! Bei ›rund‹, roter Kreis, fokussieren sich Reiter und Ausbilder fast ausschließlich auf Kopf und Hals des Pferdes.

Mit ›aufgewölbt‹ vorwärts-abwärts oder vorwärts-aufwärts, könnte man die blauen Linien vereinfacht als Beispiel für die gesamte Oberlinie des Pferdes ansehen.

Abbildung 16
›Rund› mit Trend zum falschen Knick.

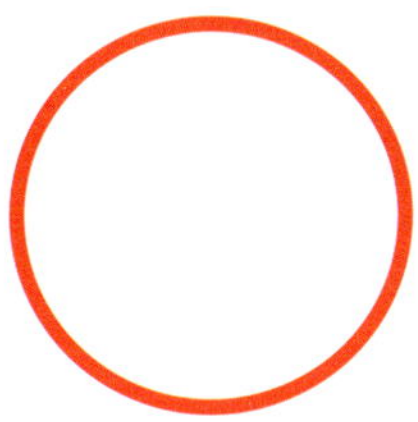

Abbildung 16a
Der rote Kreis kann für die Idee ›rund‹ stehen.

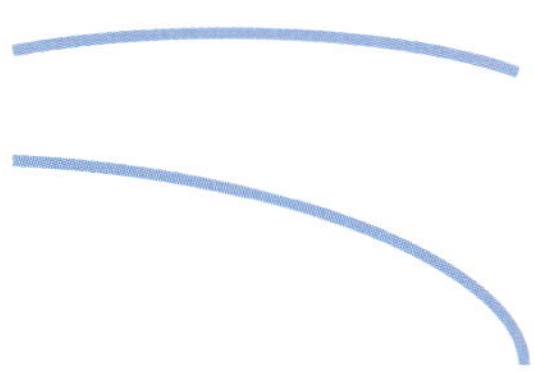

Die blauen Linien könnten für ›aufgewölbt‹ stehen, wie in Abbildung 17 auf der nächsten Seite verdeutlicht.

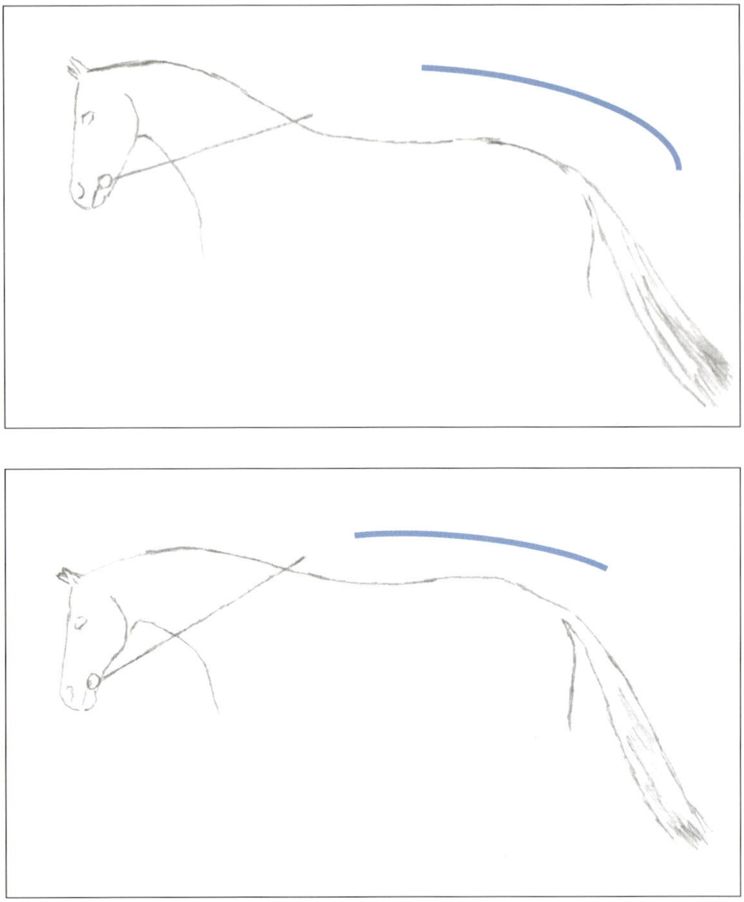

Abbildung 17 Reitpferdehaltung bei korrekter Anlehnung

Mit ›aufgewölbt‹ vorwärts-abwärts oder vorwärts-aufwärts, könnte man die blauen Linien vereinfacht als Beispiel für die gesamte Oberlinie des Pferdes ansehen.

Die Aufwölbung der Oberlinie ist mit fortschreitender Ausbildung etwas genauer zu betrachten. Der Pferderücken wölbt sich durch die Hankenbeugung in der Versammlung im Nieren- und Beckenbereich konvex auf. Dies bezeichnet Ludwig Koch[10] allerdings als Abwölbung, da der hintere Teil des Rückens in dieser Haltung tiefer positioniert ist als die stetig steigende Rückenlinie. Diese Abwölbung wirkt sich auf die Rückenmuskeln insofern aus, dass diese elastisch gespannt werden. *(vgl. Koch, 1975, S. 158)*

»Die Aufrichtung, d.h. die wahre angestrebte, geht vom Kreuz aus, die Beckenmuskeln nehmen in elastischer Spannung die rückwärtigen Rückenmuskeln an sich, die in weiterer Auswirkung über die leicht durchgebogene Sattellage zum Halse hinauf bis ins Genick federt.«

(Koch, 1976, S. 158) [15]

In relativer Aufrichtung bleiben die Nackenmuskeln gedehnt und lassen den Pferdehals nach oben konvex aufgewölbt erscheinen, wobei die untere Halslinie bei korrekter Anlehnung sich konkav abzeichnet. *(vgl. Bürger, Zietzschmann, 2004, S. 67)*

Drei- und vierjährige Pferde entsprechen heute auf Reitturnieren häufig nicht mehr der grafischen Darstellung der in den Richtlinien Band 1 gezeichneten Abbildung bezüglich der korrekten Anlehnung einer Remonte. *(vgl. Richtlinien für Reiten und Fahren Band I, 2012. S. 213) [11].* Beschriftung zu dieser oben genannten Abbildung lautet: »In der Remontehaltung mit sicherer Anlehnung und genügend langem Hals kann sich das junge Pferd natürlicherweise am besten ausbalancieren.«

---

(10) Ludwig Koch (1866–1934) war ein österreichischer Maler, Bildhauer und Illustrator. Bekannt wurde Koch vor allem als Pferde- und Genremaler. Er war lange zu Gast an der Spanischen Hofreitschule und hat viele Lektionen der Hohen Schule und Schulsprünge künstlerisch erfasst.

Abbildung 18 Pferd tief und eng im Hals, ›rund‹ bei Kopf und Hals ist fast erreicht!

Wer als Reiter, Ausbilder oder sonstiger Pferdemensch diese abgebildete Situation mit der Anweisung ›tiefer einstellen‹ oder ›rund reiten‹ erreichen möchte, hat die Klassische Lehre nicht verstanden und sich wohl noch nicht mit der Anatomie des Pferdes befasst. Auf jeden Fall hat sich damit ein vollkommen falsches Gefühl bei der Pferdeausbildung und für Pferdebewegungen etabliert.

Von einem Herantreten an das Gebiss gemäß klassischer Reitlehre ist man in diesem Moment im negativsten Sinne weit entfernt.
Die untere Halsmuskulatur ist angespannt statt entspannt. Eine seitliche Biegung des Halses ist anatomisch gesehen nicht mehr möglich. Der Arm-Kopf-Muskel ist verkürzt und angespannt *(vgl. Karl, 2006, S. 26) [13].*

Schon allein durch diesen Fakt ist folglich eine korrekte Längsbiegung des Pferdes, die auch im Dressursport auf Reitturnieren gefordert wird, nicht mehr möglich. Es bleibt dem Pferd ggf. nur noch die Möglichkeit, sich im Genick zu verwerfen.
Negative Folgen auf den Gang des Pferdes werden deutlich.

»Mechanisch mit der Hand beigezäumte Pferde müssen den Langen Rückenmuskel festhalten, um das Reitergewicht zu tragen und können somit den Schritt nicht durch den Körper fließen lassen. Das Resultat ist ein passartiger, gebundener Gang.«

(Heuschmann, 2006, S. 78) [16]

Unter anderem ist der lange Rückenmuskel überspannt und arbeitet nicht losgelassen in seinem physiologischen Sinne. *(Vgl. Heuschmann, 2006, S.88, 89ff) [16]*

Die Vorstellung und Prüfung von Jungpferden in diesem Stil bezeichnet Philippe Karl[11] folgendermaßen: *»Das Resultat: Das Pferd ›schwimmt‹ oft vorne mehr als es mit der Hinterhand schiebt – es scheint zu kraulen.« (Karl, 2006, S. 35) [13].*

Wird die tiefe und enge Kopf-/Halshaltung gleichgesetzt mit der Pferdeausbildung nach den Richtlinien trotz klar erkennbarer falscher Grundlagenarbeit? Zumindest wird diese Reitweise hingenommen und auf Reitturnieren mit hohen Noten belohnt.

In ›Medizinische Reitlehre‹ von Robert Stodulka wird anhand zweier Darstellungen leicht ersichtlich, welche Auswirkungen eine tiefe und enge Kopf-/Halshaltung für die Pferdeausbildung hat. Neben den daraus resultierenden negativen Folgen für die Pferdegesundheit ist bei dieser Haltung eine Versammlung im klassischen Sinn nicht möglich.

---

*(11) Die École de Légèreté, die Schule der Leichtigkeit, wurde von Philippe Karl (*1947), dem französischen Reitmeister und ehemaligen Ecuyer des Cadre Noir in Samur, ins Leben gerufen.*

Abbildung 19
Tiefe Kopf-Hals-Haltung und deren Auswirkungen auf das Reitpferd (Stodulka, 2006, S. 136) [8]

Zeichnung: © Thieme

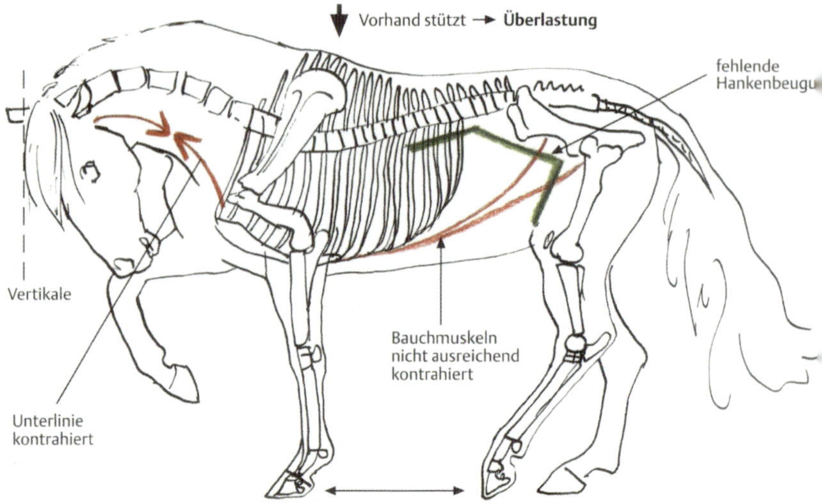

Fehlerhaft eingestelltes Pferd. Die zu tiefe Kopfhaltung verhindert ein Ausgreifen, gleichzeitig kommt es zu einer Verlagerung des Schwerpunktes in Richtung Vorhand bei fehlender Unterstützung durch die Hinterhand. Eine Versammlung ist im klassischen Sinn nicht gegeben.

Schäden an der Halswirbelsäule sind vorprogrammiert. Die Auswirkungen des Einrollens auf das Nackenband beschreibt Karl wie folgt:

»Die oberen Bänder werden extrem und für übermäßig lange Zeit gedehnt; es kommt zu Faserrissen, Schädigungen an den Ursprungs- und Ansatzpunkten der Bänder sowie Entzündungen. Der Hals ist in seiner Mitte wie gebrochen und verliert seine Spannkraft.«
(Karl, 2006, S. 25) [13]

Es ergibt sich eine Überstreckung des Lumbosakralgelenks, was ein herausgestelltes Hinterbein zur Folge hat. *(Vgl. Heuschmann, 2006, S. 89) [16]*

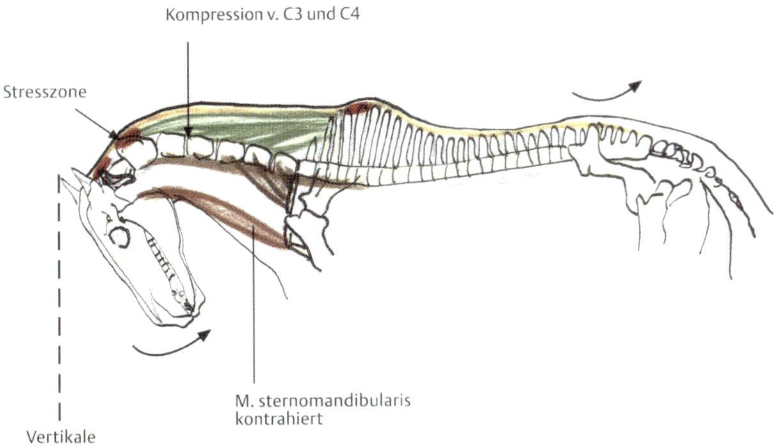

Abbildung 20
Folgen einer zu tiefen Kopf-Halshaltung des Reitpferdes (Stodulka, 2006, S. 127) [8]

Zeichnung: © Thieme

Ein Einrollen des Hales anstelle eines korrekten Vorwärts-Abwärts kann schädigende Auswirkungen auf Halswirbel, Gelenke, Muskulatur und Schleimbeutel haben. Durch diese Position verliert der Hals seine Wirkung als Hebel und Balancestange und eine gymnastisch nutzbringende Rückenarbeit wird aus biomechanischen Überlegungen nur schwer möglich. Der Zug des Nackenrückenbandes wird bereits zwischen C2 und C3 abgeschwächt und kann so zur Hebung der Rückenpartie nur noch wenig beitragen.

Ein Vorschwingen der Hinterhand in Richtung unter den Schwerpunkt in allen Gangarten ist eingeschränkt oder wird verhindert. Festzustellen bleibt, dass dieser schwerwiegende Anlehnungsfehler allgemein gehäuft zu beobachten ist.

Das Pferd in der Abbildung Seite 64 geht in Remontehaltung. Wird ein junges Pferd in der Form auf Turnieren vorgestellt, bekommt man heute unter Umständen gelegentlich von den Richtern den Kommentar: »Das Pferd ist auseinandergefallen.«

Das Gegenteil ist der Fall!

In der korrekten Remontehaltung kann die Hinterhand aktiv nach vorn durchschwingen. Dieses Durchschwingen wird durch den frei und richtig arbeitenden langen Rückenmuskel gewährleistet und verschafft dem Reiter erst die Möglichkeit zur korrekten Anlehnung im klassischen Sinne.

»Die langen Rückenmuskeln verbinden das Becken mit den Wirbeln am Halsansatz. Ihre Dehnung setzt das waagerechte Strecken des Halses voraus.«
(Karl, 2006, S. 27) [13].

Der Grundstein Anlehnung ergibt sich für den Reiter bei konstanter, weicher Zügelverbindung zum Pferdemaul und wird durch den elastischen Druck in der Reiterhand spürbar.

Ein so gerittenes Pferd ist mehr von ›hinten dran‹ als ein Pferd, das durch zu tiefe und enge Kopf-Hals-Position daran gehindert wird, seine Hintergliedmaßen frei nach vorn durchschwingend einzusetzen.

Abbildung 21: Hier sieht man eine im Wachstum befindliche 3-jährige Holsteiner-Stute, 8 Wochen unter dem Sattel in Remontehaltung.

> ***»Ein in Anlehnung befindliches Pferd soll sich durch erlangte Losgelassenheit vertrauensvoll, zufrieden und dennoch mit deutlicher Vorwärtstendenz ans Gebiss herandehnen – bei möglichst waagerecht getragenem Hals ohne relative Aufrichtung, die sich erst durch fortschreitendes Training von selbst ergeben muss bzw. soll.«***
> *(Stodulka, 2006, S. 128) [8]*

Eine korrekte Verstärkung mit sogenannter Rahmenerweiterung kann später nur bei einem Vorlassen der Pferdenase, was ein Mitgehen der fühlenden Reiterhand voraussetzt, geschehen.

> ***»Im starken Trab zeige die Nasenlinie mindestens in Richtung der vor ihr auffußenden Vorderfußspitze. Diese Faustregel der alten Meister für die harmonische Silhouette des geschulten Pferdes ergibt sich aus den naturgegebenen Bewegungsgesetzen seines Körperbaus.«***
> *(von Neindorff[12], 2005, S. 147) [17]*

In der Grafik auf der nächsten Seite stellt Karl die Entwicklung vom Tritte-Verlängern über die Versammlung zum starken Trab dar.

Wie sich eine enge Kopf-/Halshaltung auf die Vorder- und Hinterbeine dazu im Vergleich auswirkt ist deutlich erkennbar.

---

(12) Egon von Neindorff (1923 † 2004) war Gründer und Leiter einer Reitschule, in der die klassischen Reitlehre und der Reitkunst bis hin zur Hohen Schule unterrichtete. 1991 gründete er die nach ihm benannte Reitinstitut Egon von Neindorff-Stiftung in Karlsruhe.*

Abbildung 22:
Vom Tritte verlängern
zu starken Trab,
(Karl, 2006. S. 35) [13]

Junge Pferde sollten nicht in spektakulären Trabverstärkungen vorgestellt werden, bei denen sie sich im Rücken verspannen. Ihrem Ausbildungsstand angemessen ist ein Verlängern der Tritte in Dehnungshaltung und unter einem leichttrabenden Reiter.

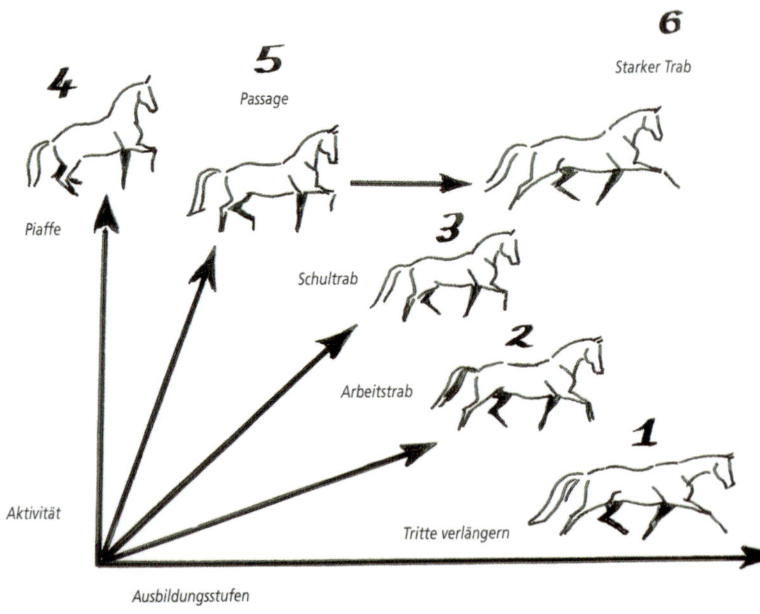

Die sinnvolle, sorgfältig durchdachte Gymnastizierung des Pferdes führt vom Verlängern der Tritte über den Arbeitstrab, den Schultrab, die Piaffe und Passage bis zur Erarbeitung von Verstärkungen.

Absolute Aufrichtung

Eine zweite Variante der falsch verstandenen Anlehnung ist die ›Absolute Aufrichtung‹. Bei Auktionen und Verkaufsveranstaltungen werden junge Pferde den Käufern häufig in absoluter Aufrichtung vorgestellt. Durch Spannungen verursachtes Anheben des Vorderarms soll den Käufern wohl vorgaukeln, dass diese Pferde eine besondere Gabe für die ›Große Tour‹ haben (Piaffe, Passage). Es scheint auch zu funktionieren, denn diese Pferde wechseln für erhebliche Summen den Besitzer. Entweder wird sich nicht mit den negativen Folgen der Absoluten Aufrichtung auseinandergesetzt oder vielleicht sind gar keine Kenntnisse diesbezüglich vorhanden.

Gedanken zur Aufrichtung

Renommierte, meist große Zuchtstätten produzieren wirklich überragende Reitpferde. Sie werden kapitalstarken Käufern in Absoluter Aufrichtung auf Auktionen vorgestellt und von diesen erworben. Auf Reitturnieren werden die Pferde in dieser Haltung und unkorrekter Anlehnung auch mit Platzierungen belohnt.
Die Anlehnung und damit eine Grundlage der Ausbildungsskala der Klassischen Reitlehre verliert an Bedeutung bei der Bewertung von Dressurprüfungen. Es schließt sich ein Kreis, der die ›Klassische Reitlehre‹ ausschließt.

Die folgenden Zeichnungen auf der nächsten Seite zeigen ein vierjähriges für eine Auktion ausgesuchtes Pferd, jeweils vorgestellt an der Hand und unter dem Reiter. Auf der Abbildung ohne Reiter erkennt man eine altersgemäße Entwicklung und lange Linien bei dem Pferd mit einem gut oder zumindest zweckdienlich angesetzten Hals.

Abbildung 23: Vierjähriges Pferd an der Hand o. li. mit normaler Oberlinie und unter dem Reiter in Absoluter Aufrichtung.

Bei demselben Pferd unterm Reiter ist die Absolute Aufrichtung deutlich erkennbar. Der Reiter kommt in den Stuhlsitz. Das Pferd wirkt wie in der Mitte durchgebrochen. Von einer Anhebung des Rückens im Sitzbereich des Reiters kann nicht gesprochen werden. Die Oberlinie des Pferdes wird zur Schlangenlinie, wie auf der großen Abbildung oben rechts eingezeichnet. Man erkennt eine Ganaschenenge mit womöglich negativer Auswirkung auf die Ohrspeicheldrüse. Der falsche Knick ist vorprogrammiert. Die

Unterhalsmuskulatur tritt hervor. Das Pferd drückt den Rücken nach unten weg, wodurch ein weites Vorschwingen der Hinterbeine nicht gewährleistet ist. Die diagonale Fußfolge wird fehlerhaft.

Die Absolute Aufrichtung wird erreicht, indem Kopf und Hals des Pferdes durch den Reiter mit den Zügeln aktiv rückwärts und hochgezogen werden. *(Vgl. Richtlinien für Reiten und Fahren Band I, 2012, S. 234) [11]*
Dies hat negative Auswirkungen auf die funktionelle Anatomie des Pferdes. Zunächst verhindert der durch die Zügeleinwirkung hoch und rückwärts festgestellte Hals die Dehnung des Nackenbandes ab Widerrist weiter nach vorn, ausgehend vom Ansatz am Hinterhauptsbein. Somit wird die Aufwölbung und das Anheben des Pferderückens im Sitzbereich des Reiters nicht möglich.

Koch schreibt dazu: *»Solche Pferde sind also nicht im erwünschten Gleichgewicht, sondern vor allem – aus dem Widerrist – allein aufgerichtet, eine Körperverfassung, die die Arbeit der Vorhand von der des ganzen Körpers trennt.« (Koch, 1976, S. 158) [15].*

Dem Pferd bleibt durch den entstehenden schmerzhaften Druck im Rücken keine andere Wahl, als den Rücken runterzudrücken oder festzuhalten und kommt sozusagen ins Hohlkreuz. *(Vgl. Knopfhart, 1975, S. 31) [6]*

Die Dornfortsätze können sich in diesem Fall im Sitzbereich des Reiters berühren, die sogenannten Kissing Spines. In diesem Fall werden dem Pferd enorme Schmerzen bereitet, die zur Widersetzlichkeit beim Reiten führen können.

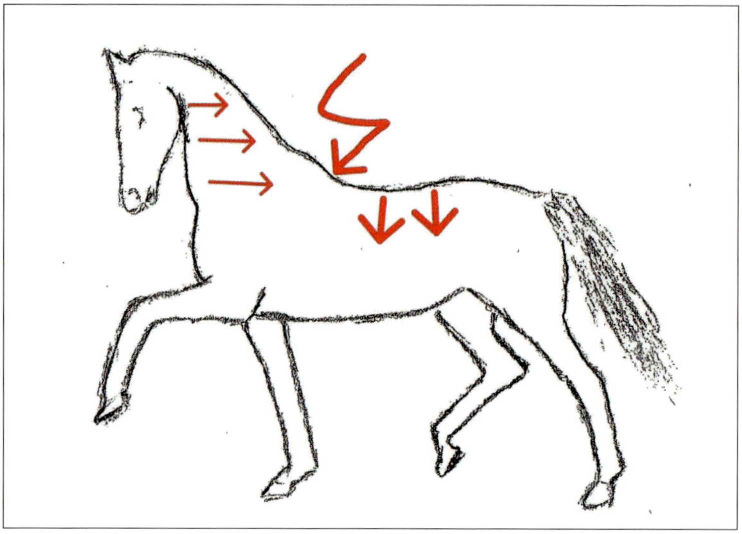

Abbildung 24: Folgen der Absoluten Aufrichtung

Negative Folgen der Absoluten Aufrichtung

Die negativen Folgen der Absoluten Aufrichtung zeigen sich bei weiterer Beobachtung der Oberlinie und des Bewegungsablaufes solch gerittener Pferde. Da bei diesen Pferden das Aufwölben des Rückens über das Nacken-/Rückenband kaum möglich ist, versuchen diese infolgedessen die tragende Arbeit mit dem langen Rückenmuskel zu übernehmen. Als reiner Arbeitsmuskel wird dieser dabei ermüden und sich verkrampfen bzw. verspannen und versteifen. Diese Verspannung überträgt sich durch Verbindungen über Faszien auch auf andere Muskelareale *(vgl. Heuschmann, 2006 S. 83) [16]*

So ist u.a. der breite Rückenmuskel betroffen, der wiederum über vorwärts-abwärts ziehende Faszien mit der Schulter verbunden ist, wodurch die Bewegungen des Oberarms beeinflusst werden.

Insofern spiegelt sich die Verspannung des breiten Rückenmuskels bei Trabverstärkungen wider, indem die Vordergliedmaßen aus dem Ellenbogen nach vorn geschleudert, frühzeitig zurückgezogen und unharmonisch abgesetzt werden. Diese Aktion kommt letztlich durch den festgehaltenen Oberarm und dem sich nicht öffnenden Buggelenk zustande. Ein gleichmäßiger Fußungsbogen im Sinne eines Kreisausschnittes ist nicht mehr gegeben. *(vgl. Heuschmann, 2006, S. 83) [16]*

Zudem ist die Bewegung der Vorhand abhängig von der Stellung des Pferdehalses. *(vgl. Bürger, Zietzschmann, 2004, S. 101) [7]*
Der Kopf-Hals-Arm Muskel, der als Vorschwinger der Vorderbeine agiert, bewirkt bei der reiterlich herbeigeführten absoluten Aufrichtung ein Anheben des Oberarms.

Durch den Ursprung dieses Muskels unter anderem am Hinterhauptsbein und den Halswirbeln sowie dem Ansatz unter anderem am Armbein, kommt es bei dieser Haltung zu einem übersteigerten Hochziehen der Vordergliedmaßen. Die Unterhalsmuskulatur tritt hervor.

Verspannungen des langen Rückenmuskels übertragen sich ebenso auf die Muskulatur der Hinterhand. So beobachtet man bei Pferden in Absoluter Aufrichtung ein übermäßiges Aufwärts-Anwinkeln der Hinterbeine. Die Hinterbeine können durch diese Aktion nicht weit nach vorn untertreten *(vgl. Heuschmann, 2006, S. 82,83,) [16].*

Diese sich nicht im Gleichgewicht befindenden Pferde werden zu eilig vorgestellt. Schnelles Laufen, übermäßiges Hochziehen des Vorderbeins und das Hochziehen des Sprunggelenks ist nicht mit Hankenbeugung und aktiver Lastaufnahme der Hinterhand bei korrekter Versammlung zu verwechseln.

»Erst mit der Losgelassenheit des Rückens und des breiten Rückenmuskels kommt die Schulterfreiheit.« (Bürger, Zietzschmann, 2004, S. 31) [7]

Ob nun zu tiefe Kopf-Halshaltung oder Absolute Aufrichtung – das Nacken-Rückenband kann zunächst seine Funktion zum Anheben des Pferderückens nicht oder nur eingeschränkt ausführen. Das Pferd wird an der positiven Auf- und Mitnahme des Reitergewichts gehindert. Der Reiter wird infolgedessen, bedingt durch die feste Rückenmuskulatur und den letztlich versteiften Rücken, nie einen angenehm schwingenden Pferderücken fühlen. *(vgl. Bürger, Zietzschmann 2004, S. 29)*

Bei diesen Arten der Reiterei kommt es zu Störungen des Bewegungsablaufs beim Pferd. Verspannte und feste Muskulatur wird nicht losgelassen arbeiten. Sie wird nie den physiologisch möglichen Rahmen zwischen Relaxation und Kontraktion ausschöpfen. Die körperliche Gesundheit des Pferdes wird Schaden nehmen. Eine Auswirkung auf die Psyche ist wahrscheinlich. Kurt Albrecht erwähnt, dass falsche Einwirkungen des Reiters durch Reitergewicht, Schenkel oder Zügel psychologische Wunden hinterlassen können, deren Heilungsdauer mehr Zeit benötigen als körperliche Wunden. *(vgl. Albrecht, 2008, S. 47.) [18]*

Kapitel 7

Pferdegerechte Reitpferde-Ausbildung

Pferdegerechte Reitpferde-Ausbildung

Die Anlehnung im Fokus – den Weg finden

Bei vielen Reitern, Ausbildern und Turnierfachleuten hat sich leider ein vollkommen falsches Bild bezüglich der Anlehnung entwickelt. Beim jungen Pferd darf nach heutigen Gesichtspunkten der Hals nicht lang und nach vorn gestreckt erscheinen, geschweige denn, dass sich der Kopf des Pferdes auch mal nach oben bewegen darf.

In dieser Phase der Ausbildung, nämlich gleich am Anfang, tritt häufig der Fehler der zu starken Handeinwirkung des Reiters auf. Die Entwicklung der Anlehnung von hinten nach vorn ist eine Grundlage für das gesamte Ausbildungssystem. *(vgl. Richtlinien für Reiten und Fahren Bd I, 2012, S. 94).*

Definition der Anlehnung

Unter Anlehnung versteht man eine stets weiche, federnde und mitgehende Verbindung von der Reiterhand über den Zügel zum Pferdemaul. Die Hand und der Unterarm des Reiters in Verlängerung über den Zügel sollten im Standardfall eine gerade Linie zum Pferdemaul ergeben. *(vgl. Richtlinien für Reiten und Fahren Bd. I, 2012, S. 86) [11]*

Der Reiter bemüht sich, die Zügel über das Trensengebiss und damit zum Pferdemaul durch die vom Sitz unabhängigen und dadurch frei beweglichen Arme und Hände anstehen zu lassen, d.h. eine stete Verbindung zum Pferdemaul aufrecht zu erhalten. Zu beachten für alle, die pferdegerecht reiten möchten, ist, dass wenn das junge Pferd sich vor der treibenden Hilfe des Reiters befindet, bzw. sich ins ›Vorwärts‹ anbietet, der Reiter zunächst nur mit der Hand bei anstehenden Zügeln alle Bewegungen des Pferdekopfes bzw. Pferdemauls im Schwerpunkt sitzend mitmacht und abfedert, ohne die Verbindung zu verlieren.

Das bedeutet weiches ›Mitgehen‹ der Reiterhand auch bei unruhigen Bewegungen des Pferdekopfes, so dass sich das

Pferd nicht am Zügel ›stößt‹. Das Pferd wird dann relativ schnell die ruhige Hand und somit das Trensengebiss bei beidseitig gleichmäßig anstehenden Zügeln ›suchen‹, wenn es dabei im Takt weitergehen darf. Der Reiter kann erneut die Zügelverbindung entsprechend der Position ›gerade Linie zum Pferdemaul über Unterarm und Hand‹ einnehmen. Eine wirklich konstante gleiche Anlehnung an beiden Zügeln ergibt sich, wie bereits erwähnt, durch die weiterführende geraderichtende Arbeit mit dem Pferd, wodurch die gleichmäßige Lastaufnahme beider Hinterbeine erreicht wird.

Abbildung 25: Holsteiner-Stute in der Entwicklung.

oben: zweijährig auf der Weide,

unten links: dreijährig zwei Wochen unter dem Sattel,

unten rechts: dreijährig acht Wochen unter dem Sattel

Über die Zügeleinwirkung schreibt Bürger: *»Erst muss der reine Gang in freiem Vortritt bei absolut passiver Anlehnung in Ordnung sein, ehe der Reiter sich mit den Zügeln eine Einwirkung hinsichtlich Durchlässigkeit erlauben darf.« (Bürger, 2012, S.127) [19].*

Zunächst lassen wir das Pferd in seiner von Natur aus mitgegebenen Haltung von hinten nach vorn an die Hand heranlaufen und den Takt finden. ›Ruhig stehende Hand‹ wird in diesem Zusammenhang leicht falsch verstanden und mit feststehender Hand verwechselt.

Anlehnung ist der Beginn einer gefühlvollen Einheit

Wenn die Hände des Reiters starr sind und in einer Position verharren, hat dies eine harte Wirkung auf das Pferdemaul. Gerade ein junges Pferd wird sich wehren, wenn der Reiter keine Bewegungsdynamik und kein Gefühl für die Bewegungen von Kopf und Hals des Pferdes bzw. für das Pferdemaul bei frei getragenen Händen und Armen entwickelt. Die Anlehnung ist der Beginn für eine gefühlvolle Einheit mit dem Pferd.

Wir müssen wieder lernen zu ›ertragen‹, dass nicht jedes junge Pferd sofort nach dem Einreiten aussieht wie ein Grand-Prix-Pferd, selbst wenn ein Pferd mit allerbesten Reitpferdepoints vor uns steht.

Ausbildungsgrundlagen sind wichtig!

Nicht wenige Reiter üben schon in dieser ersten Zeit der Ausbildungsphase ausschließlich Lektionen, ignorieren Grundlagen zum Basistraining und den Trainingsaufbau. Sie meinen, dass sie sehr schnell viel erreicht haben. Ein Pferd mit der richtigen Ausbildungsgrundlage wird diese Pferde in der korrekten Ausführung von Lektionen und ebenso in der Ausbildungsstufe mit der Zeit sicher überholen. Der schönste Spruch, den man dann für ein korrekt ausgebildetes Pferd von trainingsignoranten Reitern hört, ist immer wieder *»Na, da hast du aber Glück, dein Pferd ist ja so einfach!«*

Die folgenden drei Bilder (Seite 77, 79, 80) zeigen den Weg von ›Anlehnung-Geben‹ bis zur leichten Aufwölbung des Pferdehalses in eine konvexe Form nach oben bei der viereinhalbjährigen Stute ›Elbania‹ innerhalb einer Reitstunde.

Vertrauen in die Reiterhand

Das Pferd ist losgelassen und hat Vertrauen in die Reiterhand! Die Reiterin hat das Pferd vor sich! Diese erste Stufe, das ›Anlehnung-Geben‹ zu erfühlen, ist ein wichtiges Ziel für den Reiter.

Der Sitz der Reiterin lässt deutlich die entspannte Schulter-/Armpartie erkennen, wodurch die freitragende und fühlende Hand möglich wird. Das Pferd wird seinen Takt, also zeitliches und räumliches Gleichmaß der Bewegungen, in einem dem Pferd angepassten Grundtempo finden und bei gleichmäßiger Anlehnung eben diesen Takt festigen.

*Abbildung 26:
Die Reiterin gibt dem viereinhalbjährigen Pferd ›Elbania‹ zunächst die Anlehnung. Man erkennt, dass die Bewegungen des Pferdes bei Losgelassenheit von hinten nach vorn fließen, und dass das Pferd sich mit Vorwärts-abwärts-Tendenz an die Reiterhand dehnt.*

Bei gleichmäßiger Bewegung wird es sich auch muskulär loslassen. So kann die Muskulatur ihrer Funktion entsprechend arbeiten. Das Pferd bekommt immer mehr Ruhe und wird sich dadurch auch mehr auf Reiter und Reiterhilfen konzentrieren. Da es sich seiner Natur entsprechend individuell abgestimmt bewegen darf, ist es zufrieden, was auch mentale Losgelassenheit mit sich bringt. Dehnt sich das Pferd vorwärts abwärts zur Hand bzw. in die waagerechte Dehnungshaltung, führt dies zunächst zum Fallenlassen des Halses vom Widerrist ausgehend mit positivem Effekt für die Halswirbel und Halswirbelzwischenräume. Das Nackenband kann seine volle Kraft entfalten.
(vgl. Stodulka, 2006, S. 116ff) [8]

Wird der Impuls der Hinterhand nun über die gelöst arbeitende Rückenmuskulatur nach vorn übertragen, bekommen wir den gewünschten ›elastischen‹ Druck oder Zug auf das Trensengebiss bzw. die Reiterhand.

Bei aktivem, taktmäßigem Weitertreten der Hinterhand erfahren wir das Anheben des Pferderückens über das Rücken-Nackenband.

Durchlassen von Schub und Schwung

Das Durchlassen von Schub und Schwung der Hinterhand nach vorn lässt die Anlehnung immer sicherer werden, so dass von einer erarbeiteten, sich ergebenden Anlehnung gesprochen werden kann.
Durch diese Vorarbeit und der nun hergestellten Verbindung von Hinterhand und Vorhand über den Rücken eröffnet sich auch erst die Möglichkeit für richtig gerittene Paraden.

Reiter können mit ihrer abgestimmten Hilfengebung dann auf die Hinterhand einwirken, wobei sie deren Aktivität nutzen und erhalten müssen. *(vgl. Richtlinien für Reiten und Fahren Band I, 2012, S. 133 ff, S. 242, S. 247) [11].*

Hierbei muss zunächst der Bewegungsfluss des Pferdes von hinten nach vorn zur Reiterhand durchgelassen werden. Ebenso soll die Parade dann von vorn nach hinten durch den Pferdekörper fließen, wodurch sich die gewünschte Lastaufnahme der Hinterhand ergibt. Das Pferd verkürzt sich von der Hinterhand ausgehend durch die Hankenbeugung.

Das große Ziel ›Durchlässigkeit‹ bekommt in diesem Zusammenhang in der Pferdeausbildung jetzt die richtige Bedeutung. *(vgl. Bürger, 2006. S. 128ff)*

Das Ziel ist die Durchlässigkeit.

Wir sehen in folgender Abbildung auf der nächsten Seite ein aktives Abfußen und Vorschwingen des Hinterbeins bei entsprechender Schulterfreiheit des Pferdes.

Ein losgelassenes Pferd, welches die gesamte Muskulatur positiv in seine Biomechanik einfließen lässt, kommt der

Abbildung 27 Gerittene, von hinten nach vorn erarbeitete, sicher werdende Anlehnung mit beginnenden richtigen halben Paraden – Zitat: »Halbe Paraden enden mit dem wertvollen und wichtigen richtigen Nachgeben.« (Stecken, 2015, S.9) [10]

Abbildung 28: Anlehnung von hinten nach vorn erarbeitet mit beginnender Aufwölbung der Oberlinie.

Reiterin mit dem Rücken ›entgegen‹, ist aufmerksam und zufrieden.

Eine leichte Verlagerung der Schwerpunktlinie Reiter/Pferd nach hinten, bei gut arbeitender Hinterhand des Pferdes, ist hier bereits erreicht.

Selbsthaltung

Das Pferd wirkt in der Oberlinie wie angehoben. Der Hals ist aufgewölbt nach vorn-oben. Es trägt sich in Selbsthaltung.
Dadurch verändert sich die Gesamthaltung des Pferdes, was nun auch (**hoffentlich zur Beruhigung vieler Reiter**) den Pferdehals ›runder‹, oder besser ausgedrückt aufgewölbt erscheinen lässt.

Hier wird klar ersichtlich, dass der freie Vortritt und die richtige Aktivität der Hinterbeine des Pferdes von Beginn

Abbildung 29: Gerade vierjähriger Wallach, ›Don`t Worry Be Happy‹, ca. 4 Monate unter dem Sattel in der Schwebephase im Linksgalopp.

der Ausbildung an immer oberste Priorität haben müssen, damit die oben beschriebene Funktion erhalten bleibt.

Der freie Vortritt und die richtige Aktivität der Hinterbeine

Die Einwirkung des Reiters über die Zügel darf das Pferd daran nicht hindern.

Reiter, Züchter, Ausbilder und Pferdekäufer kritisieren bei jungen Pferden häufig die Ausbildungsphase der Remonten-Haltung wie in Abbildung 29. Sie können oder wollen diesen Ausbildungsabschnitt besonders bei Pferden mit gutem Exterieur nicht nachvollziehen. Es fehlt heute oftmals das Verständnis für diese Entwicklungsphase.
Ein deutlicher Entwicklungssprung ist bei dem vierjährigen Fuchswallach aus Abbildung 29 auf der Abbildung 30 zu erkennen. Hier präsentiert er sich in guter Selbsthaltung im Galopp in der Schwebephase, mit der Nase vor der Senkrechten und dem Genick als höchsten Punkt.

Abbildung 30: Derselbe Wallach ein gutes halbes Jahr später in fast gleichem Zeitpunkt der Galoppschwebephase; hier Rechtsgalopp. Man erkennt schon eine deutlich positive Entwicklung der Selbsthaltung mit viel mehr Ausdruck.

Bergauf in der Bewegung mit gewölbter Halsung, Nase leicht vor der Senkrechten, Genick als höchster Punkt, Schweifhaltung entspannt

Er ist bergauf in seiner Bewegung und die Schweifhaltung ist entspannt. Die Stabilität erreicht er in diesem Moment durch das Geradeaus- und Vorwärtsreiten.

Die deutlich positive Selbsthaltung in Abb. 30, fast im gleichen Moment der Schwebephase im Rechtsgalopp, vergleichbar mit der Schwebephase im Linksgalopp aus Abb. 29, ist bereits ein halbes Jahr später deutlich. Ein ›Mehr‹ an Aufwölbung lässt den Hals des Pferdes bergauf ›runder‹ erscheinen, ohne diesen jedoch eng werden zu lassen.
Wiederum ein halbes Jahr später sehen wir den Fuchswallach nun fünfjährig in Abbildung 31 erneut im Linksgalopp bereits in Gebrauchshaltung.

Abbildung 31: Wiederum ein halbes Jahr später präsentiert sich der Wallach nun fünfjährig im Bergauf-Galopp in guter Selbsthaltung, Genick als der höchste Punkt mit Nase leicht vor der Senkrechten unter einer Reitschülerin.

Kritiker werden hier sagen: »Der ist ja immer noch viel zu lang im Hals.«
Das Pferd hat eine gute Reitpferdehalsung im Sinne einer ›Balancestange‹, die zum Körper des Pferdes passt. Im weiteren Verlauf der Ausbildungszeit wird sich der Wallach von hinten nach vorn heranschließen. Mit zunehmender Hankenbeugung kann er mehr Tragkraft entwickeln. Dementsprechend kommt es bei dieser Entwicklung zur relativen Aufrichtung. Dies wird dem Fuchs nach entsprechendem Training einen enormen Ausdruck unter dem Reiter verleihen.

Major a.D. Paul Stecken weist bezüglich der heutigen Ausbildungsskala darauf hin: *»... sollte in Zukunft der wichtige Begriff Aufrichtung durch einen Querstrich hinter das Wort Versammlung gesetzt werden, um eine entstandene Fehlentwicklung angebracht zu korrigieren.«*
(Stecken, 2015, S. 8) [10].

Abbildung 32 (Stodulka, 2006, S. 135) [8]

Zeichnung: © Thieme

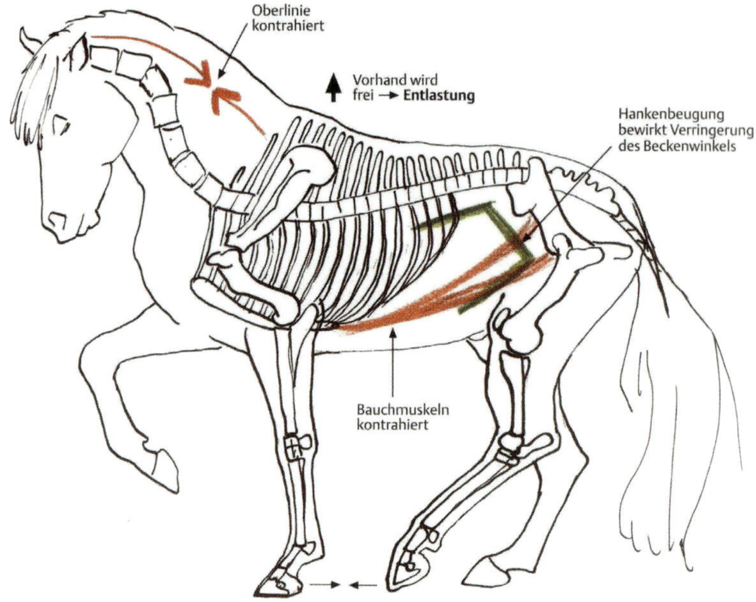

Korrekt versammeltes Pferd. Bei aufgerichtetem Hals tritt die Hinterhand bei frei ausgreifender Vorhand vermehrt unter den Schwerpunkt.

Korrekte Versammlung

Die obige Grafik zeigt eine korrekte Versammlung. Das Pferd trägt über die vermehrte Lastaufnahme der Hinterbeine und des aufgewölbten Rückens. Der taktmäßige Bewegungsablauf des Pferdes bleibt erhalten, wodurch die verkürzten Tritte erhabener werden.

Bei einem jungen Pferd in Dehnungshaltung, bei korrekter Anlehnung mit Anhebung des Rückens und frei vortretenden Hinterbeinen, ist die Selbsthaltung natürlich noch eine andere als bei einem älteren Pferd in der Versammlung. Bei diesem wird später die Versammlung durch eine vermehrte Hankenbeugung erzielt wird. Hierfür werden mehrere Trainingsjahre benötigt.

Der Begriff ›Anlehnung‹ im Rahmen der Skala der Ausbildung wird hin und wieder kritisch betrachtet. Hintergrund dabei ist, dass die Pferde sich ja gerade nicht ›anlehnen‹ sollen, also die Zügelverbindung als Stütze nutzen. So ist die Anlehnung im Sinne der klassischen Reitlehre auch nicht zu deuten.

Bei einer korrekten Anlehnung werden Hinter- und Vorhand optimal in Verbindung gebracht. Dies endet in einem dynamischen Ausfedern der Pferdebewegungen über das Rücken-/Nackenband. Der von der Hinterhand ausgehende Impuls überträgt sich bis in das Pferdemaul. Der Reiter ›empfängt‹ bei ruhig anstehendem Zügel diese gesamte Dynamik und Elastizität in seiner Hand. Die Reiterhand muss feinfühlig in diese Bewegungsdynamik eingehen. Weiterführend könnte diese elastische Verbindung auch als Anhalt zur Koordination der gesamten Körperbewegung des Pferdes unter dem Reiter bezeichnet werden, welche nur optimal wird, wenn Takt und Losgelassenheit erreicht sind. Großen Wert ist zunächst auf das ruhig liegende Trensengebiss im Pferdemaul zu legen.

Korrekte Anlehnung

Zitat: »Wie die Schenkel als vortreibende Hilfen stets in natürlicher, sanfter Anlehnung am Pferdeleib bleiben sollen, um die Hinterhand zu leiten, so sollen Zügel als Leiter der Vorhand ebenfalls stets in sanfter Spannung erhalten werden. Hierdurch wird das leichte, aber stete Ruhen des Mundstücks auf den Laden bedingt, und dies nennt man die Anlehnung des Pferdes an die Hand.«

(Steinbrecht[13], 1995, S. 22) [20]

Nur im Zusammenhang mit der korrekten Anlehnung wird das richtige Aufwölben des Pferderückens unter dem Reiter möglich und somit dessen Tragfähigkeit erhöht. Sie ist somit eine Voraussetzung zur Gesunderhaltung des Pferdes unter dem Reiter.

---

(13) Gustav Steinbrecht (1808–1885) wollte zunächst Tierarzt werden, wurde dann Berufsreiter. Zunächst leitete er eine private Reitschule, bevor er sein eigenes Institut eröffnete und besonders durch die Ausbildung von Pferden, die Hohe Schule beherrschten, berühmt wurde.

Die Anlehnung beim Reiten über Hindernisse

Verantwortungsbewusste Reiter beachten, dass nur der gut ausbalancierte Reitersitz eine korrekte Anlehnung beim dressurmäßigen Reiten, im Gelände und beim Springreiten ermöglicht.
Arme und Hände des Reiters werden nicht genutzt, um sich auf dem Pferd auszubalancieren oder gar an den Zügeln festzuhalten.

Das Ein- und Mitgehen des Reiters in die Pferdebewegung ist der erste Schlüssel für eine feinfühlige Zügelführung. Je perfekter sich ein Reiter in die Bewegungsabläufe eines Pferdes anpassen kann, je mehr Zeit kann er in die Entwicklung des Gefühls für die Zügelverbindung investieren.
Über dem Sprung bleibt entsprechend der Bewegung des Pferdekörpers die Anlehnung erhalten!

Auf den Fotos über den Sprüngen hat sich der Reiter dem Bewegungsablauf der Pferde voll angepasst. Dieser Spring-

Abbildung 33: Anpassung des Reiters in die Bewegung; die Anlehnung entsprechend.

Das Foto entstand 1984 – noch ohne Reitkappe.

stil und der leichte Sitz wurde in der alten Westfälischen Reit- und Fahrschule unter Herrn Major a. D. Stecken noch sehr gepflegt.

Abbildung 34: links Sechsjähriger Vollblüter in Balance mit seinem Reiter

Abbildung 35: unten links Hindernis bergauf aus hohem Tempo im Fluss sicher übersprungen

Abbildung 36: unten rechts Der Reiter hat das Pferd vor sich und gibt ihm entsprechend des Bewegungsablaufs die Anlehnung. Dadurch bekommt das Pferd Sicherheit, bleibt in der Balance und kann diese nach der Landung sofort wieder in die Vorwärtsbewegung mitnehmen

Kapitel 8

Abhängigkeit von Anlehnung und Paraden

Theorie und Praxis von Paraden

Die ›Verschmelzung‹ von Reiter und Pferd ist das Erfolg versprechende Ziel, wodurch eine leichte, weiche und sehr direkte Interaktion von beiden Lebewesen ermöglicht wird. Korrekt gerittene Paraden offenbaren diese Vereinigung von Reiter und Pferd. In der Praxis heute stellt sich allerdings die Frage, ob die Anlehnung als solche und das Reiten von Paraden Geheimnisse sind.

Geheimnisse oder einfach nur sehr komplexe Vorgänge? Beides ist wohl richtig. Um komplexe Vorgänge begreifen zu können und erste Vorstellungen davon im Kopf zu entwickeln, wird sich der Mensch immer erst mit der Theorie dazu beschäftigen müssen.

Gedanken zur Parade

Das Überfluten der Reitschüler mit Theorie macht jedoch keinen Sinn. Eine passende Theoriesequenz zum Reitunterricht entsprechend des Ausbildungsstandes von Reiter und Pferd ist zielführender. So wissen Reitschüler auch, warum sie was trainieren müssen und verstehen Zusammenhänge ohne Überforderung. Die Motivation zur Lernbereitschaft auf dem Pferd wird oft erhöht.

Es ist ein Armutszeugnis für die Reiterei, wenn Reiter nach 15 oder 20 Jahren Reitsportaktivität häufig weder um die anatomischen Zusammenhänge beim Pferd wissen, noch die einfachsten Ausbildungsgrundlagen für Reiter und Pferd verinnerlicht haben. Nach einem kurzen theoretischen Exkurs schaut man als Reitlehrer dann in große Augen der Reitschüler, die plötzlich reflektieren: »Ach, so ist das … das wusste ich noch gar nicht.«

Ein Lesehinweis bezüglich der Richtlinien für Reiten und Fahren, Band 1 [11] und Band 2 [21] ist hier unumgänglich. Es gibt weitere nach wie vor aktuelle und sehr aufschlussreiche Fachliteratur, die besonders auch die Hilfen des Reiters tiefgreifend erklären. Dadurch wird noch mehr Licht ins Dunkel gebracht, was Reiter- und Pferdeausbildung angeht. Auch zur Entwicklung für das Reitergefühl bekommt der Interessierte wertvolle Impulse. Theorie ist demnach schon mal kein Geheimnis, sondern eine kleine Fleiß- und Pflichtaufgabe für den Reiter, der ja schließlich auch von seinem Pferd etwas verlangt.

Ein Geheimnis bleibt vielfach die praktische Umsetzung von Paraden einerseits und andererseits das Erkennen richtiger Anlehnung und Paraden durch den Betrachter/Ausbilder. Die Auswirkungen auf das Gangbild und Haltung des Pferdes unter dem Reiter und deren richtige Beurteilung sind Kriterien für Trainingsansätze und Bewertungskriterien bei Turniervorstellungen.

Hilfreiche sowie zielführende Korrekturen von Ausbildern während des Ablaufes einer Parade beobachtet man in der Praxis eher selten.

Das Augenmerk soll in den drei folgenden Kapiteln auf den Zusammenhang von Anlehnung und halben Paraden zur Entwicklung vermehrter Lastaufnahme der Hinterhand und Verlagerung der Schwerpunktlinie der Einheit Reiter und Pferd nach hinten gelten. Halbe Paraden zu Übergängen und Tempounterschiede in einer Gangart bieten sich u.a. dazu an.

Was bedeutet Lastaufnahme der Hinterhand und Veränderung der Schwerpunktlinie?

Im Reitabzeichen-Lehrgang lernt jedes Kind, dass das Eigengewicht des Pferdes von Natur aus mehr auf der Vorhand liegt. Das freilaufende Pferd befindet sich im Gleichgewicht, obwohl die Schwerpunktlinie entsprechend weit vorn liegt, s. Abbildung 37. Es klingt fast abgedroschen, wenn man es immer wieder formuliert: »Die Hinterhand des Pferdes soll vermehrt Last aufnehmen, die Vorhand soll entlastet werden.«

Der Vollständigkeit halber und für Reitanfänger, kommt man nicht daran vorbei, dieses so formulierte Ziel im Zusammenhang mit der Anlehnung wenigstens kurz zu erläutern:

Es geht um die Schwerpunktverhältnisse der Einheit Reiter und Pferd, die letztlich über das Pferdewohl entscheiden. Hierin zeigt sich die Genialität der klassischen Reitlehre.

Ludwig Koch verdeutlicht mit den Zeichnungen in seinem Buch ›Die Reitkunst im Bilde‹, wo die Schwerpunktlinien beim Pferd liegen können. Die Lastverteilung kann sich unter der Reiter-Pferd-Einheit verändern, s. Abbildung 37 bis Abbildung 43.

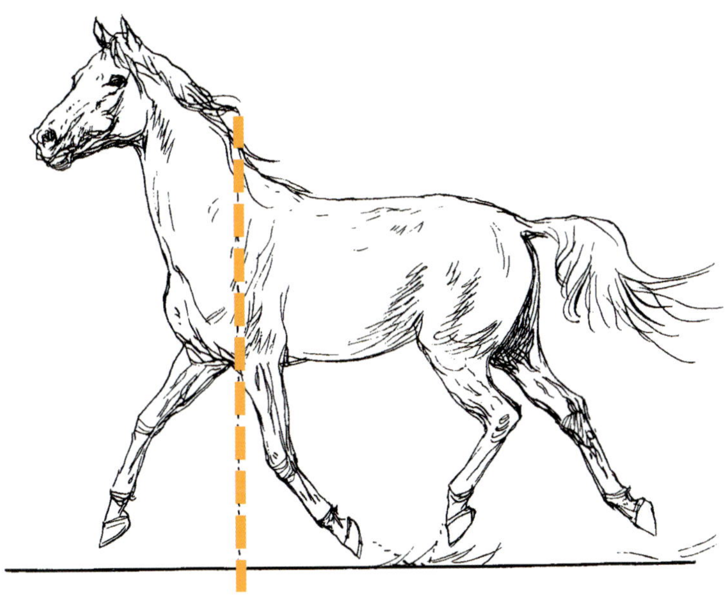

Abbildung 37
Rohes Pferd
im natürlichen
Gleichgewicht
Koch, 1976, S. 173) [15]

Gleichgewicht unter dem Reiter und Entlastung der Vorhand

Das Pferd soll mit dem Reiter sein Gleichgewicht wiederfinden.
Dazu wird unter dem Reiter die Verlagerung der Schwerpunktlinie der Reiter-Pferd-Einheit nach hinten zum Ausbildungsziel. Ist dies erreicht wie in Abbildung 38, wird die Vorhand des Pferdes entlastet bzw. durch das Reitergewicht nicht überlastet.

Im Gleichgewicht findet das Pferd auch das Gleichmaß der Bewegungen in die Bewegungsrichtung unter dem Reiter, d.h. seinen Takt. *(vgl. Knopfhart, 1975, S. 28ff) [6]*

Eine falsch gerittene Anlehnung, wie z.B. Abbildung 39, bringt die Schwerpunktlinie wieder nach vorn. Durch das

Abbildung 38: Korrekt gehendes Pferd.

höhere Gewicht der Vorhand, durch Haltung und Gewicht von Kopf und Hals des Pferdes plus Reitergewicht, ergibt sich bei dieser Haltung ein unnatürliches Mehrgewicht für die Vorhand von über 100 kg und mehr. *(vgl. Karl, 2006, S. 18ff) [13]*

Dieses Mehrgewicht auf der Vorhand kommt ebenso zustande bei der absoluten Aufrichtung durch Hoch- und Rückwärts-Ziehen von Kopf und Hals des Pferdes mittels der Zügel allein, s. Abbildung 40 und Abbildung 41.

Bereits vor über hundert Jahren wurden die Nachteile der Verlagerung der Schwerpunktlinie von Reiter und Pferd nach vorn in Zeichnungen festgehalten

Die Vorhand wird dabei über Gebühr belastet, wodurch vermehrte Verletzungsgefahr und frühzeitiger Verschleiß entsteht.

Abbildung 39: Unrichtige Rückenarbeit, künstliche Überlastung der Vorhand, daher unreine Gangart.

(Koch, 1976, S. 177, 175) [15]

Abbildung 40:
Falsche Aufrichtung aus dem Widerrist, Gewicht auf der Vorhand.

(Koch, 1976, S. 181, S. 197) [15].

Abbildung 41:
Nach rückwärts gerichtetes Pferd, siehe Reiter (Passage).

(Koch, 1976, S. 181, S. 197) [15].

Ein nach rückwärts gerichtetes Pferd kann mit der Hinterhand nicht in Richtung unter den Schwerpunkt treten. Der Rücken ist weggedrückt und die Last wird hier ebenso vermehrt auf die Vorhand kommen. Die korrekt gerittene Passage mit ihren erhabenen Tritten und den Momenten freier Schwebe ist dagegen durch die aufgewölbte Oberlinie des Pferdes und einem hohen Grad an Lastaufnahme der Hinterhand gekennzeichnet

Das Pferd bietet von Natur aus allerdings eine folgerichtige Lösung an. Die Hinterhand ist durch ihre Konstruktion dafür gemacht, sich in den Gelenken zu beugen. *(vgl. Knopfhart, 1975, S. 29) [6].*

Die Schwerpunktverlagerung von Reiter und Pferd gemeinsam Richtung Hinterhand, bedingt durch die Hankenbeugung, hat auch die vorteilhafte Anhebung des Pferderückens zur Folge.
Gemäß der Hankenbeugung ergibt sich eine entsprechende Aufrichtung der Vorhand und die Schulterfreiheit (s. Abb. 42, 43).

Durch das vermehrte Vortreten der Hinterhand in Richtung unter den Schwerpunkt wird der Abstand der Schwerpunktlinien von Vor- und Hinterhand kleiner, so dass auch die ›Auflagefläche/Unterstützungsfläche‹ des Körpers darüber verkleinert wird.

Leichte und schnelle Beweglichkeit der Einheit Reiter/Pferd durch Verlagerung der Schwerpunktlinie nach hinten

Die Entlastung der Vorhand und die Leichtigkeit der Bewegungen eines versammelten Pferdes besonders in Wendungen, bedeuten für den Reiter eine punktgenaue Feinabstimmung der Hilfengebung.

Den sich ergebenden Vorteil für die Pferdeausbildung schildert Knopfhart anhand der Kugel und den Naturgesetzen als einleuchtendes Beispiel:

»Je kleiner die Basis im Verhältnis zu den sonstigen Dimensionen des Körpers beschaffen ist, umso schneller muss die Reaktion auf Verlegungen des Schwerpunktes erfolgen, was uns am augenfälligsten die Kugel demonstriert, bei der sich Gleichgewicht und Haltung in einem Punkt vereinigen, mit dem sie auf ihrer Unterstützungsfläche ruht und die sich deshalb bei der geringsten Neigung derselben in Bewegung zu setzen beginnt.«

(Knopfhart, 1975, S. 87) [6].

Abbildung 42:
Korrekte Piaffe

(Koch, 1976, S. 193, 171) [15]

In der Piaffe ist die Schwerpunktlinie von Reiter und Pferd bereits deutlich nach hinten verlagert.

Abbildung 43:
Levade

(Koch, 1976, S. 193, 171) [15]

Damit sind wir wieder beim angenehmen, leicht und direkt auf die Hilfen des Reiters reagierenden Reitpferd, was sich jeder Reiter wünscht.

Erkenntnisse zur Anlehnung und zu Paraden

Bevor wir aber die halben Paraden und das Durchfedern der beteiligten Gelenke der Hinterhand betrachten, könnte man sich die Frage stellen: Zuerst Anlehnung oder zuerst Parade?

In den Richtlinien Band 2 steht unter Hilfengebung betreffend zu halben Parade folgendes:

> ***»Voraussetzung für das Reiten von Übergängen sind richtig angewandte halbe Paraden: Die halbe Parade wird als kurzzeitiges, vermehrtes Ein-schließen des Pferdes zwischen den Gewichts-, Schenkel- und Zügelhilfen verstanden, dem eine unmittelbar nachgebende Zügelhilfe folgt, ohne die Zügelverbindung aufzugeben.«***
> *(Richtlinien für Reiten und Fahren Band 2, 2021, S. 62) [21].*

Sinn und Zweck der halben Parade wird schon in den Richtlinien Band I beschrieben: »Die gewünschte Reaktion des Pferdes ist, auf die treibenden Hilfen so zu reagieren, dass es aktiver mit der Hinterhand in Richtung unter den Schwerpunkt tritt.« *(Richtlinien für Reiten und Fahren Band I, 2012, S. 134) [11]*

Versucht man halbe Paraden, egal zu welchem Zweck aus einer falschen Anlehnung heraus zu geben, endet dies meist nur im Zügel-Anziehen des Reiters, was ein Festhalten der Arme und seines Körpers zur Folge hat. Daraus resultieren letztlich auch Bewegungsstörungen beim Pferd. Der oben erwähnte Sinn und Zweck der halben Parade wird bei Anlehnungsfehlern nicht erreicht.

Anlehnungsfehler

Pferde, bei denen sich Anlehnungsfehler manifestiert haben, wieder in eine korrekte Anlehnung zu reiten, erfordert hohes reiterliches Können und Erfahrung. Geschickte und gefühlvolle Zügelführung des Reiters in Abstimmung mit den treibenden Hilfen ist die Voraussetzung. Diese kann wiederum nur bei einem losgelassenen und ausbalancierten Sitz des Reiters erreicht werden.

Nur aus einer korrekten Anlehnung heraus, mit entsprechender Kopf-Hals-Haltung, wird ein vermehrtes Untertreten für das Pferd möglich. Nur so kann sich Schubkraft in Tragkraft wandeln und die gewünschte Selbsthaltung des Pferdes entwickeln. Anlehnungsfehler von Anfang an zu vermeiden, wird zur klaren Zielsetzung in der Reiter- und Pferdeausbildung.

In den Richtlinien für Reiten und Fahren Band 1 und 2 wird immer wieder auf die gefühlvolle Zügelführung, die vorfühlende Reiterhand und die Abstimmung von vortreibenden und verhaltenen Hilfen hingewiesen. So endet der Punkt ›Schritte zur richtigen Haltung des Pferdes‹ mit den Sätzen bezüglich der Kopf-Hals-Haltung des Pferdes:

»Noch entscheidender als diese Haltung ist jedoch die Qualität der Anlehnung, die vom Vertrauen zur Reiterhand geprägt ist. In jedem Fall sollten Hals und Hals-Ganaschen-Winkel nicht eingeengt sein.«

(Richtlinien für Reiten und Fahren Band 1, 2012, S. 230) [11]

Das Vorfühlen und Vorführen der Stirnlinie vor die Senkrechte ist heute in der Pferdeausbildung immer seltener zu sehen.

Zur Vorbereitung dafür besteht bei der Remonte die Kunst u.a. darin, mit der vom Sitz unabhängigen Hand des Reiters, den dem Pferd eigenen Vortrieb aus der Hinterhand nur zu empfangen. Die Hand des Reiters wirkt dabei nicht rückwärts (siehe Kapitel ›Die Anlehnung im Fokus‹). Die nächste abgebildete Situation zeigt die Vorbereitung für eine richtig gerittene Parade bei diesem dreijährigen Pferd.

Wir sehen ein beginnendes ›Fallenlassen‹ des Halses vom Widerrist aus mit einer entsprechenden Dehnung zur Hand des Reiters. Die Hinterhand bleibt aktiv und schließt sich, für den Reiter in der Hand fühlbar, von hinten nach vorn heran.

Abbildung 44: Vorbereitung für eine richtig gerittene Parade bei einer dreijährigen Holsteiner-Stute, die zu diesem Zeitpunkt acht Wochen unter dem Sattel ist.

Bürger schreibt hierzu:
»Das Ausbalancieren über dem Widerrist ist das Anfangsstadium, in welchem das junge Pferd lernt, das Reitergewicht mühelos zu tragen und dabei die Kraft des Rückens und der Hinterhand ungeschmälert für den Abschub frei zu behalten. Für den Reiter ist dieses Auswiegen über die Vorhand ein ziemlich primitives Stadium des passiven Einfühlens, welches keinesfalls als Ausbildungsziel gelten darf, …«
(Bürger, 2012, S. 216) [19].

Was früher als einfache Ausgangssituation in der Pferdeausbildung gesehen wurde, scheint heute teils auch für hoch dekorierte Reiter oft nicht mehr herstellbar zu sein. Natürlich wollen wir kein Pferd auf die Vorhand reiten. Allerdings wird ganz zu Anfang der Pferdeausbildung eine wichtige Weiche gestellt:

Dehnungsbereitschaft

Die jederzeit abrufbare Dehnungsbereitschaft des Pferdes zur Hand des Reiters. Sie wird im Rahmen der weiteren Ausbildung zum Grundprinzip für richtig gerittene Paraden und spiegelt auch die Losgelassenheit des Pferdes wider.

»Im Lösen wurzelt der Erfolg«, heißt ein kurzes, lesenswertes Kapitel in dem Buch ›Assistierende Perspektiven für Reiter und Richter‹ *(Freiherr von Stackelberg, 1979, S. 16)*. Es wird deutlich, dass der Reiter ein feines Gespür individuell für jedes Pferd entwickeln muss, in welcher Art und Zeit er sein Pferd lösen kann. U. a. werden Steifheiten des Pferdes angesprochen, die auch nach einem Koppelgang vorhanden sein können. Das Pferd ist also nach dem Aufenthalt auf der Wiese nicht automatisch unterm Reiter losgelassen. Falsches Reiten kann beim Pferd muskuläre Verspannungen sowie mentale Spannungen verursachen. Sämtliche Ausbildungsziele sind ohne Losgelassenheit nicht erreich-

bar. Es wird dem Reiter vor Augen geführt, dass bei Schwierigkeiten mit dem Pferd die Lösung in der ›Lösung‹ des Pferdes liegt, *(vgl. Freiherr von Stackelberg, 1979, S.16 ff) [22].*
Nur bei Losgelassenheit des Pferdes kann demnach eine korrekte Anlehnung hergestellt werden. Die korrekt erarbeitete Anlehnung rückt als Vorbereitung für richtig gerittene Paraden immer wieder in den Vordergrund. Das ist für junge und ältere Pferde gleichbedeutend.

Beginnen könnte man die Definition einer Parade zunächst mit dem Nachgeben am Zügel, bzw. mit dem vom Reiter initiierten Herandehnen an die Hand, *(Wortlaut Major a.D. Stecken).* Ein Nachtreiben ist hier in den meisten Fällen gefordert, um die Hinterhand aktiv zu halten, so dass das Pferd ›vor dem Reiter‹ bleibt.

Dehnung zur Hand

In dem Moment nach der Dehnung zur Hand, der Entspannung, kann der Reiter durch kurzes Aushalten mit der Hand die Selbstabholung der Parade durch das Pferd erreichen *(vgl. Richtlinien für Reiten und Fahren Band 2, 2021, S. 62) [21].*

Erforderlich wird eine der Situation entsprechende Kombination der verhaltenden Hilfen des Reiters: Zurückgelegte Wade, Kreuzhilfe (über die Bauchmuskulatur des Reiters), Zügelhilfe *(vgl. Steinbrecht, 1995, Kap. ›Die verhaltenden Hilfen‹ S. 19-30) [20].*

Diese Hilfen muss das Pferd ebenso wie die treibenden Hilfen erlernen. So weit wie im Anfangsstadium der Ausbildung möglich, sollte der Reiter versuchen, schon der Remonte die verhaltenden Hilfen in Kombination verständlich zu machen.

Nur durch die permanente Abstimmung treibender und verhaltender Hilfen wird die angesprochene Selbstabholung der Parade möglich. Je nachdem wie der Reiter innerhalb des Ablaufes einer Parade das Pferd vor sich hat, wird die Parade mit entsprechend dosiert treibender Hilfe begleitet, um die Hinterhand zum Vor- und taktmäßigen Weitertreten zu veranlassen. Die Parade endet mit dem Nachgeben bzw. Entspannen am Zügel.

Betrachten wir, wie eingangs des Kapitels erwähnt, die halben Paraden zu Übergängen und Tempi unter dem Punkt Lastaufnahme. Das Pferd soll lernen, bei der Parade in der Hinterhand nachzugeben. Es soll sich aufnehmen, indem Hüft- und Kniegelenk gebeugt werden. Damit wäre Durchlässigkeit erreicht.

Das bedeutet sowohl Vor- und Untertreten der Hinterbeine, als auch Verlängerung der Stützbeinphase durch die Hankenbeugung im weiteren Verlauf der Ausbildung, deren Intensität sich am Fortschreiten der Ausbildung bemisst. Das ›Verkürzen‹ der Bewegungen des Pferdes findet von der Hinterhand ausgehend statt.

Abbildung 45: Der Spielraum der Nasen-Stirnlinie bei einer Parade und deren Vorbereitung bewegt sich bei diesem dreijährigen Pferd innerhalb der blauen Linien im positiven Bereich (oranger Pfeil). Alles, was weiter Richtung Brust geht, ist falsch (roter Pfeil)

Damit das Pferd in dieser Phase taktmäßig weiter ab- und vorfußt, ist ein Aktivhalten der Hinterbeine genauso erforderlich wie auch das ›Herauslassen‹ der Bewegung nach vorn.
Verbunden damit ist die Entspannung der Zügelhilfe, dem ein erneutes Abfangen folgen kann, wenn der Reiter die Dehnung zur Hand wieder fühlt.
Das Pferd schwerpunktmäßig von vorn durch Zügelanzüge verkürzen zu wollen, verhindert die Lastaufnahme durch die Hinterhand wie zuvor aufgeführt. Eine erarbeitete Anlehnung im Sinne der klassischen Reitlehre ist nicht hergestellt.

Bei einer richtig gerittenen Parade befindet sich der Spielraum der Nasen-Stirnlinie dieses jungen Pferdes, Abbildung 45, zwischen den eingezeichneten blauen Linien. Gemäß aller bereits dargelegten Faktoren zur Anlehnung und Biomechanik des Pferdes findet in diesem Bereich die Dehnung als Vorbereitung und nachfolgend das Aufnehmen und Abfangen statt. Ab der roten Linie und enger muss mit der Grenzwertigkeit der richtigen Ausführung gerechnet werden.

Der Ablauf der Parade erfordert immer wieder Vorlassen der Nasen-Stirnlinie und die Entspannung der Zügelhilfe unter Erhalt der Anlehnung. Nach dem Abfangen durch Hankenbeugung muss dem Pferd die Möglichkeit gegeben werden, aus der Beugung der Hanken die Bewegung fließend wieder nach vorn zu übertragen. Durch das Spiel von Vorlassen und Abfangen wird dem Pferd die ›Last-Aufnahme‹ durch die Hinterhand im Takt und vorwärts-aufwärts mit der Zeit möglich.

Das Ergebnis einer Parade wird u.a. durch die Elastizität des Reiters bei der Zügelführung bestimmt. Das Vorgehen zum und Heranfühlen an das Pferdemaul, bei steter Verbindung innerhalb der blauen Linien (Abbildung 45), schafft die Voraussetzung für eine erfolgreiche Parade. Dies alles geschieht im Wechsel in Bruchteilen von Sekunden nach Soll-/Ist-Vergleich. Ziel ist es, dabei keine Stockungen in den Bewegungsabläufen des Pferdes zu verursachen. Nur dann kann ein Übergang als fließend bezeichnet werden. Jede Kopf-/Halshaltung (Nasen-Stirnlinie) ab der roten Linie und enger *(Abbildung 45)* zieht ein Anspannen oder ein Festhalten der Unterhalsmuskulatur des Pferdes nach sich. Der Vortritt und Abschub der Hinterhand wird geringer. Durch das Engwerden im Hals kommt das Pferd auf die Vorhand und legt sich auf die Hand des Reiters. Im weiteren Verlauf kann es zum Aufrollen des Halses nach rückwärts kommen, wobei das Pferd der Zügelverbindung nach hinten ausweicht. Auch ein Befreien aus dieser Position nach oben gegen die Hand ist eine mögliche Reaktion des Pferdes.

Dies alles sind keine reiterlichen Geheimnisse. Die negativen Auswirkungen auf die Halswirbelsäule, den Pferderücken und das Pferdemaul wurden bereits erwähnt. Reines Zügelziehen und Durchhalten, bis das Pferd den Kopf runternimmt und den Hals krumm macht, hat mit dem angestrebten Ziel Durchlässigkeit, die sich durch Erarbeitung der Punkte der Ausbildungsskala ergibt, nichts zu tun. Es ist nahezu eine Zwangsvorstellung der Reiter, die Durchlässigkeit mit einer tiefen Kopf-Hals-Position zu verwechseln. An einem bestimmten Punkt durchparieren zu wollen, veranlasst dann doch auch verständige Reiter gelegentlich zum einfachen Ziehen am Zügel. Bevor das Pferd punktgenau durchpariert werden kann, muss das Pferd die dazu passenden Hilfen kennengelernt habe. Den richtigen Ablauf der Parade sowie die Feinabstimmung, sollte der Reiter zunächst trainieren, ohne sie an einem bestimmten Punkt ausführen zu wollen, um nicht in einen Zwang zu geraten, der Flexibilität in der Hilfengebung verhindern kann.

Die Kür für den Reiter besteht dann darin, die richtigen Vorbereitungen zu treffen und Hilfen so einzuleiten, dass es dann an einem bestimmten Punkt zur ›Selbstabholung‹ der Parade durch das Pferd kommt. Die Hankenbeugung und der Weg dorthin führt zur Selbsthaltung des Pferdes unter dem Reiter.

So wird das Pferd vermehrt über die durch den Reiter kontrollierte Hinterhand ›gesteuert‹ als über den Zügel allein. Es ergibt sich daraus eine Priorisierung der Gewichts- und Schenkelhilfen für den Reiter. Jeder theoretischen Erklärung zur Parade, auch wenn sie durch Abbildungen unterstützt wird, sind allerdings klare Grenzen aufgezeigt. Erlernbar ist sie ausschließlich in der Praxis. Nur durch viel

Abbildung 46: Pferd trägt sich selbst; die Haltung bringt dies zum Ausdruck.

Feedback in allen Momenten des Ablaufs der Parade (natürlich von einem kompetenten Ausbilder), kann der Reiter sein Reitergefühl entwickeln und verbessern. Dem Vorschwingen der Hinterhand kommt von Beginn der Ausbildung an große Bedeutung zu. Die in der Fachliteratur viel zitierte Waage zum Vergleich für das zu findendes Gleichgewicht des Pferdes unter dem Reiter greift Bürger im Zusammenhang mit der Verkleinerung der Unterstützungsfläche auf.

So schreibt er folgendes zum Ausbalancieren des jungen Pferdes über den Widerrist und den leichten Sitz des Reiters:

»Nur im Anfang wiegen wir uns über dem Pferd aus. Sobald wir damit beginnen, auf sein Gleichgewicht im Sinne von Tragen und Versammeln Einfluss zu nehmen, dann wiegen wir unter uns das ganze Pferd über die immer kleiner werdende Unterstützungsfläche aus. Dieses ist die absolut entgegengesetzte Handlung, bei der wir Rücken und Hinterhand nicht mehr entlasten, sondern vermehrt belasten.«

(Bürger, 2012, S. 216) [19]

Er bezieht dieses auf die Ausbildung und führt im Anschluss aus, dass die unterschiedlichen Stufen des Entlastungssitzes dazu beitragen können, den Abschub durch die Kraft von Rücken und Hinterhand zu fördern. Das Pferd muss bei entsprechendem leichtem Sitz dabei in der horizontalen Balance bleiben *(vgl. Bürger, 2012, S. 216) [19].*

Voraussetzung für den ›bergauf‹ gesprungenen Galopp

Machen wir uns einmal deutlich, wie dies bei einem jungen Pferd aussehen soll und schauen uns einige Phasen im Rechtsgalopp bei einer dreijährigen Stute an. Der Reiter schafft für das junge Pferd durch eine richtige Anlehnung die wesentliche Voraussetzung, sich in seiner Natürlichkeit unter dem Reiter zu bewegen.

Abbildung 47
oben: Ausschwingen der Hinterbeine (oranger Kreis) während der Einbein-Stützphase im Galopp (Pferd 3-jährig); Nase an der Senkrechten.

unten: Bruchteile von Sekunden später ist das Pferd in der Schwebephase und der Reiter gibt ihm die Möglichkeit durch korrekte Anlehnung den Kopf und Hals bereits wieder deutlich nach oben und vorn zu bewegen.

Abbildung 48: Natürliche Haltung des Pferdes im Galopp während der Einbein-Stütze und in der Schwebephase.

Im Moment nach dem Abschub *(Abbildung 47 links)* kann man das Ausschwingen der Hinterbeine des Pferdes nach hinten oben erkennen. Das gesamte Gewicht des Pferdes, inklusive dem des Reiters, muss das Pferd in der Phase der Einbein-Stütze im Galopp auf einem Vorderbein abstützen und wieder abdrücken. Kopf und Hals des Pferdes dürfen durch die Zügeleinwirkung des Reiters in dieser Phase nicht absinken.

Kurz vor der Schwebephase *(Abbildung 49)* ist schon zu erkennen, dass sich Kopf, Hals und Schulter des Pferdes nach

Abbildung 49: Die Kopf-Hals-Haltung ermöglicht dem Pferd schon kurz vor der Schwebephase wieder die horizontale Balance.

oben und vorn bewegen, wodurch die Hinterbeine Platz bekommen, um deutlich nach vorn unter den Schwerpunkt zu springen. Das stützende Vorderbein hat es nun leichter, den Galopp ins ›Aufwärts‹ zu entwickeln. Kopf und Hals des Pferdes sinken auch in der Schwebephase nicht ab *(Ab-*

Abbildung 50: Schwebephase; Schub entwickelt sich vorwärts. Kopf und Hals des Pferdes sinken nicht ab. Es ist die Voraussetzung für den ›bergauf‹ gesprungenen Galopp.

Abbildung 51: Nach der Landung auf dem äußeren (linken) Hinterbein ist das Pferd hier wieder bereits in der Dreibeinstütze im Rechtsgalopp.

bildung 50). Das Genick bleibt höchster Punkt. Die nächste Abbildung *(51)* zeigt das Pferd bereits wieder in der Dreibeinstütze mit ›Bergauf‹-Tendenz.

Den Schub wollen wir als Reiter positiv nutzen. Er soll nicht reduziert, sondern gewandelt werden. Er soll konzentriert und kontrolliert werden, sich aber immer ins Vorwärts entwickeln können. Der Weg dorthin wird nur gelingen, wenn den Hinterbeinen Platz nach vorn geschaffen wird. Elementare Grundvoraussetzung hierfür ist der Erhalt der im Galopp vom Pferd natürlich vorgegebenen Kopf-/Halshaltung unter dem Reiter.

Die Lastaufnahme im Galopp während der halben Parade

Was verlangen wir von unseren Pferden bei der Parade und welche zu erbringende Leistung steckt für sie dahinter?

In der nächsten Abbildung *(52)* demonstriert uns die Reiterin die halben Paraden zur Lastaufnahme bei einem fünfjährigen Pferd. In diesem Fall wird das Einfangen im Galopp nach dem Zulegen genutzt.

Deutlich ist die entspannte Schulter-Armpartie und Zügelfaust der Reiterin bei aufgerichtetem Oberkörper zu erkennen. Die Reiterin gibt die korrekten Hilfen zur halben Parade, durch aufgerichteten Oberkörper, Bauchmuskelanspannung, ›Heransitzen‹ an die aushaltende, aber nicht feste Hand und leicht zurückgelegten Unterschenkeln.

Das Pferd wird durch Beugung der Hanken von hinten aus verkürzt. Das dem Durchfedern der Gelenke nachfolgend entsprechende Vorschwingen der Hinterbeine erhält den Fluss der Bewegung in der Parade.

Das äußere Hinterbein nimmt beim Auffußen die Last auf und kommt zum vermehrten Tragen. Der Raumgewinn des Galoppsprungs wird geringer in der für diesen Moment erreichten relativen Aufrichtung.

Die Schwerpunktlinie der Einheit Reiter-/Pferd verlagert sich auf diese Weise weiter nach hinten. Anatomisch gesehen werden Hüft- und Kniegelenk gebeugt. Die Kopf-Hals-Haltung des hier fünfjährigen Pferdes ist für diese Beugung korrekt und dem Ausbildungsstand entsprechend. Das Vorschwingen der Hinterbeine erfordert Platz, der durch die Anhebung der Vorhand geschaffen wird.

Das Sprunggelenk wird durch sehnige Verspannungen mit dem Knie automatisch mit gebeugt. Das innere Hinterbein, das Hangbein des Pferdes, schwingt deutlich vor in Richtung der Schwerpunktlinie der Einheit Reiter-/Pferd, während das linke Hinterbein sich noch in der Beugephase befindet.

Abbildung 52: Das Absenken von Hüft- und Kniegelenk zieht die Verlängerung der Stützbeinphase nach sich; die Vorhand wird frei.

Daraus soll das Pferd energisch abschwingen und einen raumgreifenden, erhabenen Galoppsprung entwickeln *(vgl. Bürger, Zietschmann, 2004, S. 33ff) [7].*

Das Absinken in den Gelenken bedeutet eine Verlängerung der Stützbeinphase, hier linkes Hinterbein, und erhöhte Kraftanstrengung für das Pferd. Es wird deutlich, welche Leistung dem Pferd abgefordert wird, wenn dieser enorme Schub mit der Zeit über die Hankenbeugung aufgenommen und in Tragkraft gewandelt wird.

Insofern obliegt es dem Reiter, den Zeitpunkt, in dem sich das Pferd aus der anstrengenden Stützbeinphase während der Paraden wieder abdrücken muss, nicht zu verpassen. Das Leichtwerden mit der Hand und das Vorlassen der Nasen-Stirnlinie in diesem Moment geben dem Pferd die Möglichkeit dazu. Weiterhin wird dadurch ebenso das aktive Vorschwingen der Hinterbeine gewährleistet.

Abbildung 53: Nach den halben Paraden galoppiert das Pferd in guter Haltung ›bergauf‹.

Aus dem durch die Lastaufnahme der Hinterbeine bedingten kontrollierten Abschub soll sich schließlich der ausbildungsbedingte Schwung gemäß Ausbildungsskala entwickeln lassen.

Dieser ist wiederum immer erforderlich, um erneute Verlängerungen der Stützbeinphase vom Pferd zu fordern.

Nach dem Einfangen/Aufnehmen durch Lastaufnahme der Hinterhand mittels halber Paraden, galoppiert das Pferd in guter Haltung bergauf und mit nachgegebenem Genick, Abbildung 53. Siehe hierzu auch die Zeichnungen der Dreibeinstütze im Galopp in den Richtlinien *(vgl. Richtlinien Band I, 2012, S. 224, S. 121) [11].*

Die bei der Parade durch den Reiter verspürte Elastizität des Pferdes, der Durchfluss der Bewegungen über den Rükken und die aktiv zum Schwerpunkt tretenden und federnden Hinterbeine geben dem Reiter das Gefühl, auf dem richtigen Weg zu sein. Ehe das Pferd die Kraft entwickelt, über einen längeren Zeitraum verkürzte Tritte und Sprünge über die Hinterhand federnd im Beugegang zu tragen, bedarf es eines mehrjährigen Trainings.

Dies gilt ebenso für ein Pferd, welches ggf. mit einem idealen Exterieur ausgestattet ist. Ein gutes Bergauf-Exterieur macht das Training nicht überflüssig. Kraft und Koordination sind nicht automatisch unter dem Reiter, schon gar nicht für alle Lektionen, vorhanden. Die Ausbildung bekommt man nicht über die sicher stark verbesserte Reitpferdezucht geschenkt. Sie muss sich immer noch erarbeitet werden.

Nur in Losgelassenheit wird das Pferd die Hilfen des Reiters leicht durchlassen. Der Reiter kann bei richtiger Ausführung mit wenig Aufwand das Pferd dazu bringen, sich von hinten aufzunehmen. Die Muskulatur kann physiologisch korrekt arbeiten. Ein junges Pferd wird dies zu Anfang nicht befriedigend ausführen können. Insofern sind beim Durchparieren die Zügelhilfen u. U. kombiniert mit der Stimmhilfe vorrangig. Schon hierbei ist es allerdings wichtig, die Nasen-Stirnlinie des Pferdes vorrangig in dem Bereich der blauen Linien *(Abbildung 45)* zu bewegen. Ein Festwerden der Reiterhand muss vermieden werden. Summiert man alles, was in den Richtlinien zur Anlehnung, zu Paraden, Voraussetzungen Pferd und Reiter, Abstimmung der Reiterhilfen, Reitergefühl, Training, Anatomie des Pferdes etc. steht, so kann man daraus nicht allein schließen, dass das Pferd in der Parade vorn nur gehalten und von hinten, wie mit einer Kanone nachgetrieben werden soll, wie Karl es bildlich darstellt *(vgl. Karl, 2006, S. 87) [13].*

Allein das Unverständnis bzw. die Unfertigkeit vieler Reiterführen auf den Turnierplätzen zu falschen Ausführungen in großer Zahl und lassen die Kritik an der Deutschen Reitlehre wachsen.

Kapitel 9

Irritationen für die Ausbildung nach klassischer Lehre

Irritationen für die Ausbildung nach klassischer Lehre

Die Bewertungen auf Reitturnieren hinterlassen Spuren und Fragen. Ist die korrekte Anlehnung und die damit verbundene Haltung des Reitpferdes unter dem Reiter etwa eine Interpretationsfrage? Der Blick für klassische Grundsätze scheint verloren zu gehen.

Eine in Klasse M erfolgreiche Dressurreiterin gibt einer Reitbeteiligung auf ihrem Pferd Reitunterricht:

»So, jetzt erst einmal das Pferd richtig tief einstellen, damit es den Kopf nicht gleich wieder hochnimmt!« Die Reitbeteiligung riegelt den Kopf durch Zügelanzüge runter.
Das Pferd stellt sich aufgerollt dar, mit dem Pferdemaul kurz vor der Brust. »Ja, genau, so ist es gut«, konstatiert die Unterrichtende.

Dieses Pferd wird auf Turnieren stets deutlich hinter der Senkrechten vorgestellt. Die immer wieder siegreiche Dressurreiterin scheint allerdings nicht über das Wissen zu verfügen, wie nach klassischem Sinne eine Anlehnung zustande kommt. In diesem Zusammenhang stellt sich doch die Frage: Wie erklären sich die Bewertungen für diese Turniererfolge?

Die Abbildung 54 zeigt den Teilnehmer einer L-Dressur auf einem ländlichen Reitturnier noch auf dem Vorbereitungsplatz. Während der Vorstellung der folgenden L-Dressur im Viereck lief das Pferd in fast unveränderter Haltung. Dieser Ritt wurde von den Richtern mit ziemlich gut bis gut bewertet. Diese Tatsache repräsentiert keinen Einzelfall.

Trotz immerwährender Diskussionen über falsch und richtig dreht man sich auch aktuell wieder im Kreis. Obwohl im letzten Jahrzehnt diverse Fachzeitschriften und Autoren vermehrt die Anlehnung und die Kopf-Hals-Haltung des Pferdes im Turniersport als Themen aufgegriffen haben, ändert sich in der Praxis nicht viel.

Abbildung 54
Solche Bilder sieht man zuhauf in der Dressur – und leider auch unter den vorne Platzierten.

Foto: ©lichtreflexe/stock.adobe.com

Bei der FN-Umfrage (Transparenzoffensive), veröffentlicht im FN-Jahresbericht 2016 unter 4.d, wurden auch Fragen zum Reiten mit tiefer Kopf-Hals-Position gestellt. Die Diskussion um die Kopf-Hals-Position des Pferdes findet eine deutliche Mehrheit der FN-Vereinsmitglieder richtig. Mehrheitlich befanden ebenso von 11.000 befragten Vereinsmitgliedern, dass die FN zu wenig gegen das Reiten mit grundsätzlich tiefer und enger Kopf-Hals-Position unternimmt und dass viele Richter bei der Notenvergabe dieses Reiten tolerieren.

Die FN argumentiert, dass seitens der Fachleute die Abbildungen in den Richtlinien keine dauerhafte Mindestanforderung sind, sondern das Ideal darstellen. *(vgl. www.pferd-aktuell.de FN Jahresbericht 2016, S. 45, 46, 47)*

Hierzu gibt es Fragen: Wie definiert die FN dementsprechend im Turniersport die Mindestanforderung? Wie wurden die letzten Jahre Berufsreiter, Amateurausbilder und Turnierrichter betreffend der Einschätzung nach von Ideal und Mindestanforderung geschult? Hat sich die zu tiefe Kopf-Hals-Position der Pferde unter dem Reiter im Turniersport entgegen den Richtlinien fest etabliert? Wenn dies so wäre, dann würde dies die Bewertungen auf Turnieren und das Reiten mit enger Kopf-Hals-Position in Ausbildungsbetrieben erklären.

Natürlich stellen Abbildungen zur korrekten Ausbildung von Reiter und Pferd in den Richtlinien das Ideal dar. Zuhause wird trainiert, um dem Ideal näher zu kommen. Es ist noch kein Meister vom Himmel gefallen!

Auf Reitturnieren, die letztlich die FN-Reitlehre in der Öffentlichkeit repräsentieren, müssen die Grundlagen Takt, Losgelassenheit und Anlehnung sich überwiegend erkennbar in Richtung des Ideals entwickeln.

Eine tiefe und enge Kopf-Hals-Position bedeutet nicht gleichzeitig Rollkur und dass Reiter mit aggressivem Potential auf den Pferden sitzen. Bei Pferden, die in einer Prüfung dauerhaft mit tiefer Kopf-Hals-Position vorgestellt werden, sind Reiter und evtl. Ausbilder allerdings bereits auf einem falschen Weg.
Die Mehrheit in der reiterlichen Öffentlichkeit täuscht sich nicht: Tief und eng bleibt tief und eng.

Diese Haltung ist bereits von nicht so fachversierten Reitern, Fachleuten außerhalb der FN-Gremien, Tierärzten und selbst von Laien deutlich erkennbar.

Wie soll die Sinnhaftigkeit dieser Reitlehre vor teilnehmenden Fachleuten vertreten werden und den Zuspruch von Laien in der Öffentlichkeit oder aus anderen Reiterkreisen erhalten, wenn Pferde mit deutlichen Anlehnungsfehlern gute Noten bekommen? In der Praxis wird es zunehmend schwerer, Reiter für die Klassische Reitlehre und den erklärbaren systematischen Ausbildungsaufbau zu begeistern, wenn auf Reitturnieren grundlegend falsche Darbietungen, die auch in den Richtlinien als diese beschrieben sind, mit Platzierungen belohnt werden.

Irritiert werden Reiter und Ausbilder zusätzlich beim Studieren teils neuerer Fachliteratur, wie folgend dargelegt: Neben Zeichnungen, die eine korrekte Anlehnung beim Reitpferd gemäß Richtlinien zeigen, werden Fotos aus der Praxis als Beispiele abgebildet, die den Zeichnungen nicht entsprechen.

Der heutzutage nahezu beflügelte Begriff ›positive Spannung‹, im Zusammenhang mit der Darstellung von Anlehnungsfehlern, sorgt für Diskussionen zwischen Reitschüler und Reitlehrer.

In dem Buch von Stammer, *›Das Pferd in positiver Spannung‹ [23],* wird die positive Spannung in der Ausbildung anhand von zwei Fotos auf den Seiten 98 und 99 erklärt. Die Abbildung auf Seite 98 zeigt ein Pferd, welches über einen guten Halsansatz und eine gute Halsoberlinie verfügt, hinter der Senkrechten.

Auf Seite 99 geht das Pferd mit durchhängendem Zügel und ist hinter dem Zügel *(Stammer, 2015, S. 98,99).* Eine korrekte Anlehnung, Dehnungshaltung oder korrektes Zügel-Überstreichen gemäß Richtlinien ist aus den Situationen auf den Fotos nicht abzuleiten, *(vgl. Richtlinien Band I, 2012, S. 212, 213, S.138, S.140) [11].*

Anhand von Fotos auf der Seite 47 *(in Stammer 2015)*, werden zwei Phasen des Galopps beschrieben. In der noch nicht voll ausgeführten Stützbeinphase kommt das Pferd vermehrt auf die Vorhand und nachfolgend ist eine klare Bergauf-Tendenz im Galopp nicht zu erkennen. Das Pferd ist eng im Hals und hinter der Senkrechten. Es entspricht nicht der Haltung, der in den Zeichnungen abgebildeten korrekten Galopp-Phasen der Pferde von Seiten 46 und 47 ohne und mit Reiter, *(Stammer, 2015, S. 46, 47) [23].*

Was bedeutet das für korrekte Ausführungen von Lektionen gemäß klassischer Reitlehre? Eine richtige Längsbiegung ist bei engem oder aufgerolltem Pferdehals nicht möglich. Die Unterhalsmuskulatur ist angespannt. Die für die Ausbildung des Pferdes so wichtige Oberhalsmuskulatur wird in diesem Moment nicht trainiert.

So gerittene Pferde kommen auf die Vorhand. Um eine Parade einzuleiten, müsste das Pferd aus dieser Position mit der Nasen-Stirnlinie vor die Senkrechte geritten werden. Dies gelingt der Erfahrung nach den wenigsten Reitern.

Ein trainierter Körper in Aktion zeigt eine andere Grundspannung als ein untrainierter Körper. Unabhängig von der Muskulatur des Pferdes, die Haltearbeit verrichtet, kommt diese Grundspannung der Arbeitsmuskulatur durch Training und richtige Funktion der Muskulatur zustande. Wie vorne beschrieben ist dafür optimale Kontraktion und Relaxation der Muskulatur Voraussetzung. Werden durch verspannte oder festgehaltene Muskulatur andere Muskelareale des Pferdes in der Arbeit eingeschränkt, kann es nicht zum positiven Muskelaufbau kommen.

Wenn Anlehnungsfehler zum Aufbau positiver Spannung hingenommen oder gar als Voraussetzung für korrekte Pferdeausbildung dargestellt werden, besteht ein Widerspruch zur Ausbildung gemäß Klassischer Reitlehre und zu den Richtlinien. Stecken äußert sich zu der Verwendung des Begriffes positive Spannung wie folgt:

> ***»Positive Spannung ist als erstrebenswert unangebracht und unrichtig. ›Das Pferd geht unter Spannung‹ war immer ein negativer Begriff für nicht richtig gelöste Pferde beim Abreiten. Nach erreichter Losgelassenheit sollen für alle Lektionen nur die Muskelpartien besonders angespannt werden, die für diese Übung oder Lektion erforderlich sind.«***
>
> *(Stecken, 2015, S. 18) [10]*

Wie die Ausbildung des Pferdes von der korrekten Dehnungshaltung zur relativen Aufrichtung über die Versammlung entwickelt wird, ist in den Richtlinien hinreichend beschrieben.

Festzustellen ist, dass der Sinn der Ausbildungsskala praktisch nur greift, wenn das Ideal stets das Ausbildungsziel bleibt. Die Diskussion um ›zu eng‹ oder nicht, mit den Fragen »schwingt der Rücken noch, ist das Pferd wirklich losgelassen, wie ist die Aktivität der Hinterbeine?« scheint endlos.

Eigene Erfahrungen lassen folgenden Schluss zu. Es geht nicht darum, ob die Nasen-Stirnlinie mal kurz hinter der Senkrechten ist. Sie ist aber häufig nach heutigem Standpunkt der Reiterei zu schnell, zu oft und zeitlich gesehen zu lange hinter der Senkrechten.

Die vollkommen unverständliche Ängstlichkeit der Reiter, dass sich ein Pferd einmal nach oben etwas freimacht, was häufig einen Grund hat, ist groß. So wird lieber stärker durchgehalten oder geriegelt bis das Pferd den Hals krumm macht. Ein heruntergeriegelter und/oder loser Hals hat nichts mit Durchlässigkeit zu tun.

Die natürliche Kopf-Hals-Haltung des Pferdes wird oft bereits als ›gegen die Hand‹ bzw. als ›nach oben heraus‹ bewertet.

Die Punkte ›Ausbildung‹ und ›Erfolg‹ im Sinne der klassischen Reitlehre müssen nach heutigem Stand der Turnierreiterei eine neue Bewertung erfahren.

Kapitel 10

Ausbildung und Erfolg

Ausbildung und Erfolg

Reitvereine suchen für ihren Schulbetrieb Reitlehrer mit der Mindestqualifikation Trainer C. Falls diese Qualifikation nicht vorhanden ist, genügt ggf. auch eine Person mit entsprechender Erfahrung, um überhaupt jemanden für den Job zu finden.

Wer erteilt eigentlich den Reit- und Theorieunterricht an der Basis – dort, wo Reitschüler ihre ersten prägenden Eindrücke von Reiter- und Pferdeausbildung erhalten? Gerade diese frühen Impulse stellen wichtige Weichen für Verständnis und pferdegerechten Umgang. Hochqualifizierte Ausbilder wären hier besonders wichtig, sind jedoch in diesem entscheidenden Bereich nur selten zu finden.

Die Sorge um ein richtiges Verständnis der pferdegerechten Reitpferdeausbildung im Freizeit-, Breiten- und Turniersport wächst. Ein Blick in die tägliche Praxis – auch in Reitställe ohne Vereinsanbindung – zeigt häufig eine problematische Situation in der Reiter- und Pferdeausbildung.

Viele Reiter konsumieren unterschiedliche Reitweisen nur bruchstückhaft. Statt einer klaren Linie wird vieles ausprobiert, was Pferd und Reiter oft in Orientierungslosigkeit führt. Die Nachhaltigkeit dieser Ansätze wird dabei selten hinterfragt.

Die klassische Reitlehre ist in Deutschland als Immaterielles Kulturerbe anerkannt. Eine Aufgabe der FN ist es, sich für den Erhalt dieser Reitlehre in heutiger Zeit und in der Zukunft einzusetzen. Jedoch entsteht der Eindruck, dass in Teilen dieses Kreises inzwischen der Erfolg in der Reiter- und Pferdeausbildung auf den Turniererfolg und den Gewinn von Schleifen reduziert wird.

Reiter riskieren selbst auf höchstem Niveau ihre und die Gesundheit der Pferde. Dies gilt auch im Springsport. Es wird teilweise ein sehr hohes Risiko im Stechen auf den größten Turnieren der Welt eingegangen.

Zum Glück geht es meistens gut!

Auf nationalem und internationalem Parkett im Springsport sehen wir auf dem Pferd liegende Reiter über dem Sprung oder zumindest sehr häufig den nach hinten weggeklappten Unterschenkel bis in die Flanken des Pferdes und nicht selten noch höher.

Eine konstante Anlehnung, das richtige Mitgehen in die Bewegung des Pferdes, sowie die eindeutige Hilfengebung des Reiters werden fragwürdig.

Also Hauptsache rüber – egal wie? Wildestes Springreiten wird auf der Jagd nach Schleifen auch in unteren Klassen gezeigt. Die bunten Trophäen gelten als Bestätigung des großen Erfolgs.

Abbildung 55: Im ›Liegesitz‹ zu großen Ehren

Immerhin bedeuten sie Höherstufung der Leistungsklasse und Ehrung in Reitvereinen für erfolgreiche Reiterei.

Schließlich wird bei entsprechenden Siegen in der Klasse S auch das goldene Reitabzeichen verliehen. Schleifengewinner werden als Top-Reiter gehandelt und avancieren automatisch zum gefragten Ausbilder ohne weitere Trainerqualifikation.

Die Qualität der Ausbilder für Reiter und Pferd heute allein am Schleifengewinn zu messen, verdreht inzwischen die Kultur der klassischen Reitlehre. Die Turniererfolge bedeuten oft nicht zwangsläufig Konformität mit den Richtlinien.

Frühe Spezialisierung der Reiter ist heute vorgegeben. Nur die höchste Klasse wird angestrebt. Kinder beginnen mit zwölf Jahren in der Klasse A und sind bei der entsprechenden Unterstützung durch gute Pferde schon U 18 in der Klasse S angekommen.

Es wird Zeit, den Erfolg in Reiter- und Pferdeausbildung – auch im Turniersport – wieder differenziert zu bewerten.

Das ›Durchrauschen‹ der Kinder von Klasse A bis S ist bei den Eltern nahezu Pflicht. Ca. fünf Jahre nach Beginn der Reitausbildung ist das höchste Level erreicht. Grundlagenarbeit und Basisausbildung bzw. die Ausbildungsstufen A bis M werden nicht recht wahrgenommen oder werden als lästiges Beiwerk möglichst schnell übersprungen. So früh wie möglich sollen dann diese Reiter ihre ersten eigenen jungen Pferde ausbilden und stoßen dann merkwürdigerweise fast ausschließlich auf ›Pferde mit außergewöhnlichen Schwierigkeiten‹.

Eine grundsätzlich vielseitige Ausbildung der Reiter gemäß den klassischen Richtlinien wird zur Seltenheit. Die Turnierreiterei kommt als Aushängeschild der vielseitigen klassischen Reitausbildung für die Reiter sowie für die Pferdeausbildung gemäß Richtlinien zunehmend in Erklärungsnot.

Der wahre Erfolg liegt in der Erfüllung der in den Richtlinien definierten Kriterien der Ausbildungsskala mit dem Ziel optimaler Durchlässigkeit und relativer Aufrichtung.

Es ist an der Zeit, den Erfolg in der Reiter- und Pferdeausbildung auch im Turniersport wieder differenzierter zu betrachten!

Kapitel 11

Harmonie ist das Ziel

Harmonie ist das Ziel

Harmonie in den Bewegungen zwischen Mensch und Pferd bis hin zum vielbesagten Verschmelzen zu einer Einheit bringt für beide die größte Belohnung.
Vereinfacht dargestellt bedeutet Verschmelzung in erster Linie muskuläre Abstimmung und Übereinstimmung. Verschmelzen bringt Einfühlen und Eingehen menschlicher muskulärer Strukturen über Reiterhilfen in die Biomechanik des Pferdes mit sich.

Ruhe, Zeit, Verständnis, Geduld, Fachwissen, Disziplin, reiterliche Fitness und Training

Dieses Ziel zu erreichen, benötigt Ruhe, Zeit, Verständnis, Geduld, Fachwissen, Disziplin, reiterliche Fitness und immer wieder Training, besonders auch der motorischen Fähigkeiten des Reiters.

Das Zusammenwirken von Gewichts-, Schenkel- und Zügelhilfen und deren individuell aufs Pferd und situationsbezogene richtige Abstimmung machen das Reiten zu einem anspruchsvollen Sport.

Gefühl hat in der Reiterei große Bedeutung. Permanent müssen Reiter das eigene Körpergefühl und das Gefühl für die Bewegungen des Pferdes sensibel schärfen. Durch das ›Einswerden‹ muskulärer Strukturen ist ein gegenseitiges, direktes Fühlen von Reaktionen und eine schnelle Übertragung dieser beidseitig gewährleistet.

Hierzu gehört das Anpassen und Einfügen des menschlichen Körpers in die Bewegungsdynamik des Pferdes. Je mehr dies permanent gelingt, desto leichter können die Hilfen des Reiters in die Biomechanik des Pferdes einfließen. *Susanne von Dietze* beschreibt eindrucksvoll in *›Balance in der Bewegung‹, 3. Auflage 1999, FN Verlag [24],* wie wichtig für den Reiter Kenntnisse über die menschliche Anatomie sind und der Sitz des Reiters beim Reiten auf das Pferd einwirkt.

Die Bewegungsdynamik des Pferdes und den Schwerpunkt der Pferd-Reiter Einheit kann der Reiter positiv beeinflussen. Die Anpassungsfähigkeit des Reitersitzes zu jeder Sekunde bzw. in Bruchteilen von Sekunden ist dafür entscheidend, damit Reiter die individuellen Bewegungen eines Pferdes nicht störend beeinflussen.

Die innere Entspanntheit des Reiters bei hoher Konzentration auf die Pferdebewegungen und ausgeprägtem Wahrnehmungsgefühl lassen diesen erahnen, wie sich die nächste Bewegung anfühlt oder entwickeln wird. Diese Vorahnung und eine blitzschnelle Verarbeitung von ›Soll‹ und ›Ist‹ aus dem Reitergefühl heraus, lassen die Hilfengebung als ›automatisiert‹ erscheinen, sogar bei der von der Willkür des Menschen abhängigen Muskulatur. Man erlebt Reiter, denen ein vollkommenes Abschalten von Umwelteinflüssen gelingt. Sie sind mental voll bei ihren Pferden.

Die schnelle Anpassung des Reitersitzes ist entscheidend, um die Bewegungen des Pferdes nicht zu stören.

Das Pferd fühlt uns als Reiter auf dem Rücken. Die Gewichts-, Schenkel- und Zügelhilfe nimmt es permanent wahr und wird ebenso einen Soll-Ist-Vergleich vornehmen. Dies betrifft das vom Pferd bisher Erlernte und die momentan vom Reiter ausgeführten Bewegungen. Es entwickelt mit an Sicherheit grenzender Wahrscheinlichkeit mindestens die gleiche oder eher höhere Sensibilität für die Bewegungen des Menschen auf ihm als der Mensch und Reiter für die Bewegungen des Pferdes.

Losgelassenheit als Ziel

In dem Falle, in dem das Pferd eine vollkommene Losgelassenheit erreicht und sich dem Reiter hingibt, hat es ebenfalls eine hohe Konzentration und Reaktion auf dessen Bewegungen. Dies erfordert aber immer eine körperliche Hingabe des Menschen bezüglich der Abstimmung mit den Pferdebewegungen. Eine gegenseitige Konzentration und direktes Reagieren aufeinander verstärkt auch das mentale Miteinander zunehmend.

Dadurch wird der Reiter stark gefordert. Es ist von enormer Wichtigkeit, dass Hilfen z.B. für eine Lektion genauso gegeben werden, wie man es gestern, vorgestern oder vor einer Woche getan hat und auch deren Vorbereitung muss entsprechend sein. Das Pferd muss Reiterhilfen differenzieren und seinen Körper entsprechend koordinieren, *(vgl. Richtlinien für Reiten und Fahren Band 2, 2021, S. 46) [21].*

Das Pferd muss Reiterhilfen differenzieren und seinen Körper koordinieren

Die oben angesprochene Automatisierung der Reiterhilfen soll nicht heißen, dass hier Lebewesen mit Automaten oder Maschinen verglichen werden.

Nein, es ist anders. Dieses ›Einswerden‹ miteinander hat etwas von verliebt sein. Durch den in der Klassischen Reitlehre beschriebenen losgelassenen, ausbalancierten Reitersitz, der dem Reiter erlaubt ›ins‹ Pferd zu kommen, liest man die Wünsche und Bewegungen seines Partners Pferd diesem zwar nicht von den Augen oder Lippen ab, aber man erfühlt sie ständig über die Hände, Schenkel und das Gesäß.

Dieses ›Einswerden‹ von Mensch und Pferd hat etwas von verliebt sein.

Meistens entwickelt sich diese Liebe erst mit der Zeit, auch wenn es Pferde gibt, auf deren Rücken man sich selbst schon beim ersten Reiten wohlfühlt.
Bemerkenswert ist bei dieser Liebe auch, dass es vollkommen egal ist, welche Farbe das Pferd hat, ob es einen nicht so schönen Kopf hat oder gar eine leichte Verstellung im Vorderbein o.ä. Es können Pferde sein, von denen andere Reiter sagen: »Da würde ich mich nie raufsetzen.«

Es muss also nicht das perfekte ›Zuchtprodukt-Pferd‹ sein und auch nicht immer die S-Dressur, die das ›Miteinander-Einswerden‹ ausmacht, auch wenn diese als letztes Ergebnis die Perfektion der Klassischen Lehre darstellen kann. Die Erfahrung bringt mit sich, dass das gegenseitige Verstehen auf Reitergefühlbasis diese Liebe wachsen lässt! *(vgl. Bürger, 2012, S. 194, 2. Absatz rechts) [19]*

Jeder Reiter hat die Chance, dies aufgrund der genial durchdachten, auf die Biomechanik des Pferdes ausgerichteten Ausbildungsskala der Klassischen Reitlehre, anhand von klaren Kriterien jeden Tag zu erfühlen.

Was fühlt sich wann und wie richtig an?

Was fühlt sich wann und wie richtig an? Damit sind wir hier wieder beim eingangs erwähnten sicheren Lehrpferd. Wer als Reiter nicht darauf zurückgreifen kann, wird einen kenntnisreichen und qualifizierten Ausbilder für die eigene und die Ausbildung seines Pferdes hinzuziehen.

Disharmonie sollte ein Reiter schnell fühlen und mit der Frage an sich selbst verbinden, ob man als Reiter überhaupt schon in der Lage ist, bestimmte Dinge vom Pferd zu fordern. Sitz und Hilfengebung sind permanent zu ›hinterfragen‹. Auch eine Reflektion bezüglich der Voraussetzungen beim Pferd, ob man bestimmte Dinge/Lektionen abfordern und üben kann, sollte der Reiter im Hinterkopf haben.

Die muskulären Strukturen sind also der eine Fakt für eine Verschmelzung von Reiter und Pferd. Die Konzentration beider Lebewesen auf das Miteinander der zweite Fakt, den man durchaus als mentales ›Einswerden‹ bezeichnen kann. Der Reiter fühlt die Verschmelzung an Bewegungen und Reaktionen des Pferdes, die uns sein ›Mitdenken‹ verraten.

Durch die Erhaltung der Biomechanik des Pferdes unter dem Reiter kann das Pferd seine ihm von Natur aus gegebenen muskulären Strukturen und Körperfunktionen so einsetzen, als ob es sich in Freiheit bzw. auf der Weide bewegt. Da es sich ›in seiner Haut wohlfühlt‹, führt dies zur freiwilligen und freudigen Mitarbeit des Pferdes beim Reiten.
Der Reiter wird mit zunehmenden Ausbildungsfortschritten durch immer leichter werdende Hilfengebung Reaktionen auf muskuläre Strukturen des Pferdes auslösen kön-

Das Streben nach Anlehnung.

nen. Der Reiter kommt, wie man so schön sagt, immer mehr ›ins Pferd‹. Die Bewegungen des Pferdes gehen auch immer mehr in den Körper des Reiters ein. Bei passender Hilfengebung zum strukturierten, durch Fachwissen geprägten Trainingsaufbau, werden muskuläre Strukturen des Pferdes gekräftigt und so letztlich auch die Tragefunktion des Pferderückens unter dem Reiter hergestellt.

Die Anlehnung gemäß Ausbildungsskala spielt in diesem Zusammenhang eine Hauptrolle. Reiter, die eine korrekte Anlehnung erfühlt oder selbst bei ihren Pferden erarbeitet haben, werden immer wieder danach streben.

Foto: © Lisa Sieger

Literaturverzeichnis

Literaturverzeichnis

[1] F. Bürkner, Ein Reiterleben, Verden/Alleer: Kornett Verlag H.-J. von Killisch-Horn, Verden/Aller, 1957.

[2] F. M. S. K. K. Fleischer LE, ›Verletzungsmuster bei Reitunfällen‹ German Journal of Sports Medicine, 2016.

[3] S.-F. Angelika Frömming, Bilder und Fakten zur Entwicklung der Ausbildung von Reiter und Pferd im Dressur- und Springreiten, Sassenberg-Füchtorf: FNverlag der Deutschen Reiterlichen Vereinigung, Warendorf, 2011.

[4] K. Albrecht, Dogmen der Reitkunst, Hildesheim: Olms Presse Hildesheim, Zürich, New York, 2013.

[5] D. D. S. Deutsche Reiterliche Vereinigung e.V. H.D. Donner, Richtlinien für Reiten und Fahren Band I, Grundausbildung für Reiter und Pferd, FNverlag der Deutschen Reiterlichen Vereinigung, Warendorf, 1979.

[6] A. Knopfhart, Beurteilung und Auswahl von Reitpferden, Berlin und Hamburg, Wien: Verlag Paul Parey, Berlin und Hamburg , 3. Auflage 1975.

[7] O. Z. Udo Bürger, Der Reiter formt das Pferd, FNverlag der Deutschen Reiterlichen Vereinigung, Warendorf, 2004.

[8] R. Stodulka, ›Medizinische Reitlehre – Trainingsbedingte Probleme verstehen, vermeiden, beheben‹, Stuttgart, Parey in MVS Medizinverlage Stuttgart Gmbh & Co. KG, 2006.

[9] v. B. C. E. H. H. M. Ahsbahs, Sportlehre Lernen Lehren und Trainieren im Pferdesport, FNverlag der Deutschen Reiterlichen Vereinigung, Warendorf, 1992.

[10] M. a. D. P. Stecken, Bemerkungen und Zusammenhänge, FNverlag der Deutschen Reiterlichen Vereinigung, Warendorf, 2015.

[11] A. A. u. W. -. Deutsche Reiterliche Vereinigung e.V. - Bereich Sport, Grundausbildung für Reiter und Pferd in Richtlinien für Reiten und Fahren Band I, FNverlag der Deutschen Reiterlichen Vereinigung, Warendorf, 29. Auflage 2012

[12] M. B. Schwitte, Beruf Pferdewirt, Eugen Ulmer, 1991.

[13] P. Karl, IRRWEGE Der Modernen Dressur, Brunsbek: Cadmos Verlag, 2006.

[14] C. d. Kunffy, Ethik im Dressursport, Stuttgart: Franckh-Kosmos Verlags-GmbH & Co., Stuttgart, 1997.

[15] L. Koch, Die Reitkunst im Bilde, Hildesheim, New York: Olms Presse, 1976, Nachdruck der 2. Auflage Wien 1928.

[16] Dr. med. vet. Gerd Heuschmann, Finger in der Wunde, Warendorf: Wuwei Verlag, 2006.

[17] E. v. Neindorff, Die reine Lehre der klassischen Reitkunst, Brunsbek: Cadmos Verlag GmbH, 2005.

[18] K. Albrecht, Ausbildungshilfen für Pferd und Reiter, 86938 Schondorf: Wu Wei Verlag, 2008.

[19] U. Bürger, Vollendete Reitkunst, erstrebt-erforscht-erfühlt, Stuttgart: Müller Rüschlikon Verlag, 2. Auflage 2012, 2006.

[20] G. Steinbrecht, Das Gymnasium des Pferdes, Aachen: Dr. Rudolf Georgi GmbH & Co KG, 1995, 16. Auflage.

[21] A. A. -. Deutsche Reiterliche Vereinigung e.V. - Bereich Sport, Richtlinien für Reiten und Fahren Band 2, FNverlag der Deutschen Reiterlichen Vereinigung, Warendorf, 2021.

[22] H. F. v. Stackelberg, Assistierende Perspektiven für Reiter und Richter, Hamburg: Verlag Helmut Rosenberg GmbH & Co. KG, 1979.

[23] S. Stammer, Das Pferd in positiver Spannung, FNverlag der Deutschen Reiterlichen Vereinigung, Warendorf, 2015.

[24] S. von Dietze-Pollak, Balance in der Bewegung, FNverlag der Deutschen Reiterlichen Vereinigung, Warendorf, 3. Auflage 1999.

[25] D. R. Vereinigung, Richtlinien für Reiten und Fahren Band IV, FNverlag der Deutschen Reiterlichen Vereinigung, Warendorf, 10. Auflage 1999.

[26] S. v. Dietze, Balance in der Bewegung, FNverlag der Deutschen Reiterlichen Vereinigung, Warendorf, 2003.

Der Autor

Über den Autor

Ein Reiter, der weiß, worüber er spricht ...
Thomas Schubert, Jahrgang 1958 entdeckte früh seine Liebe zu den Pferden. Mit bereits elf Jahren erhielt er regelmäßig Reitunterricht in dem heute noch renommierten Reitverein Ziethen e.V. Der Reitlehrer hieß Joseph Pfeiffer. (Mit 3 F!)

Als Kind hat er für seine Reitstunden gearbeitet und ist schon mit 14 Jahren als Pfleger auf internationalen Turnieren eingesetzt worden. In den 70er-Jahren ritt er bei dem Ostpreußen Dr. Kurt Lehmann (Birkenmoor) nach klassischem Gedankengut etliche junge Pferde ein.

Danach erhielt er eine intensive Ausbildung über 6 Jahre während der Schulzeit auf einer Reitanlage in Kiel, was ihm großes Engagement abverlangte. Der Eigentümer und Reitlehrer dieser Anlage war ein Schüler von Eugen Wahler und Karl Diel, zu damaliger Zeit erfolgreiche Ausbilder und Reiter.

Junge Pferde anreiten bzw. vier bis sechs Pferde reiten war das Tagesgeschäft. Dazu kam fast täglich Unterricht an der Longe mit Sitzübungen. Der Ausbildungsstand und die Turnierteilnahmen lagen somit Ende der 70er-Jahre im Bereich der Klasse M in Dressur und Springen.

Es folgte ein dreimonatiges Praktikum an der alten Kavallerieschule Münster bei Herrn Major a. D. Paul Stecken. Anstatt die angebotene Lehrstelle zum Bereiter anzunehmen, entschied Thomas Schubert sich jedoch für einen anderen beruflichen Werdegang.

Er blieb der Reiterei natürlich intensiv treu und ritt u.a. beim Weltmeister der Springreiter Gert Wiltfang sowie mehrere Jahre in dem Zucht- und Ausbildungsstall Maas J. Hell in Klein Offenseth. 1994 absolvierte er die Externen-Prüfung zum Bereiter FN (Pferdewirt Reiten) in Warendorf. Es folgte die Qualifikation zum Trainer A Reiten Leistungssport + Ergänzungsstufe als Zusatzqualifikation in der neuen Westfälischen Reit- und Fahrschule Münster unter der Leitung von Martin Plewa.

In seinem Reiterleben hat Thomas Schubert ca. 250 Pferde angeritten. Er hat eigens gezogene Hengste zur Körveranstaltung sowie Stuten zur Leistungsprüfung vorbereitet und war erfolgreicher Teilnehmer als Reiter und Züchter beim Bundeschampionat in Warendorf.

Seine von ihm gezüchteten Vollblüter waren im Rennsport aktiv. Prä- und Re-Training der Vollblüter hat er selbst übernommen.

Unter seiner Mitarbeit wurde in Albanien 2006 ein Reitsportverband gegründet und damit die Aufnahme in die FEI 2007 vorbereitet. Mit den entsprechenden Verantwortlichen plante er zusammen mit seiner Frau Monique Moriz den Bau zweier großer Reitanlagen bei Tirana, unterrichtete dort über einige Jahre mehrere Reiter und veranstaltete erste Reitturniere nach deutschem Standard. Viele seiner ehemaligen Reitschüler können Turniererfolge in

Spring-, Dressur- und Vielseitigkeitsprüfungen vorweisen. In der Vielseitigkeit bis Klasse S 4-Sterne. Einer seiner ersten Reitschüler aus Albanien nahm 2022 und 2023 an der Sunshine Tour in Oliva und an der Balkanjade in Bukarest 2022 sowie 2023 in Athen im Springreiten bis 1,40 m teil.

Das eigene Herz schlägt für die Vielseitigkeitsreiterei mit all ihren Facetten. Die Ausbildungswege zum Vielseitigkeitspferd mit umfassender Gebrauchsfähigkeit birgt für Pferd und Reiter einen großen Erfahrungsschatz. »Es ist etwas Großes, wenn ein Reiter dies erleben darf«, sagt Thomas Schubert, der auch selbst in der Vielseitigkeit internationale Prüfungen bestritten hat.

Der Gebrauch des Reitpferdes im Sport und in der Freizeit wirft heute grundlegende Fragen zur Pferdeausbildung auf. Mit diesem Buch soll der Blickwinkel in der Pferdeszene für die pferdegerechte Reitpferdeausbildung mittels viel Bildmaterial geschärft werden.

Aus der bio-mechanisch begründbaren Reitlehre resultierend ist die korrekt entwickelte Anlehnung beim Reitpferd ein entscheidender Faktor für die Koordination der Pferdebewegungen unter dem Reiter und die Aufnahme des Reitergewichts. Sie ist ein wichtiger Ausgangspunkt für die physiologisch natürliche Muskelarbeit des Pferdes unter dem Reiter.

Diese Basis für die Gesunderhaltung des Partners Pferd ermöglicht erst die vertrauensvolle Zusammenarbeit von Pferd und Reiter.

Abbildungsverzeichnis

CAVALLO
Wo Leidenschaft Zügel bekommt
DER NEUE STANDARD
Cavallo mit dauerhaft größerem Umfang
CAVALLO
Richtungsweisend: Klare Wege im Viereck finden
Faszinierende Trakehner
Was die Pferderasse bis heute besonders macht
Pferdemedizin im Wandel
Irrtümer & neues Wissen über wichtige Krankheiten
Impulse für den Pferdesport
Neuer Turnier-Check von R-haltenswert
DOSSIER
Wie Reiten uns gesund hält
Die enormen Effekte für Körper und Kopf
Positiv reiten
Wie Falk Stankus Sport, Ausbildung und Pferdewohl in Einklang bringt
FREIRAUM-TRAINING MIT TANIA KONNERTH
Mehr Nähe zum Pferd
DER ETWAS ANDERE WEG ZU
feiner Kommunikation
hoher Motivation
gesunden Bewegungen
Fütterung im Wandel
Von Mythen, altem Wissen und neuem Fokus
Jeden Monat neu erhältlich
Als Print-Ausgabe und E-Paper verfügbar
Voller Wissen, Geschichten und Inspiration rund ums Pferd
Im Handel oder online bestellen
Web: www.cavallo.de | Telefon: 0781 6396659 | E-Mail: cavallo@burdadirect.de